Dior

优雅

·迪奥写给女人的时尚秘籍·

THE LITTLE DICTIONARY OF FASHION

[法] 克里斯汀·迪奥　著
蔡玲　译

人民日报出版社

30
Christian
Dior

图书在版编目（CIP）数据

优雅 ：迪奥写给女人的时尚秘籍 /（法）迪奥著 ；
蔡玲译. -- 北京 ：人民日报出版社，2016.5
ISBN 978-7-5115-3810-9

Ⅰ. ①优… Ⅱ. ①迪… ②蔡… Ⅲ. ①女性—服饰美
学 Ⅳ. ①TS976.4

中国版本图书馆 CIP 数据核字（2016）第 091609 号

书　　名：优雅 ：迪奥写给女人的时尚秘籍
作　　者：（法）迪奥

出 版 人：董　伟
责任编辑：周海燕
封面设计：熊猫布克

出版发行：人民日报出版社
社　　址：北京金台西路 2 号
邮政编码：100733
发行热线：（010）65369527　65369846　95369509　6369510
邮购热线：（010）65369530　65363527
编辑热线：（010）65369518
网　　址：www.peopledailypress.com
经　　销：新华书店
印　　刷：大厂回族自治县德诚印务有限公司

开　　本：880mm×1168mm　1/32
字　　数：120 千字
印　　张：7.75
印　　次：2016 年 7 月第 1 版　2016 年 7 月第 1 次印刷

书　　号：ISBN 978-7-5115-3810-9
定　　价：39.80 元

Introduction

[引 言]

时尚这个话题，人们已经写得太多，方方面面、包罗万象，但是，还从来没有哪个设计师尝试过要编纂一本关于“时尚”的字典。

当然，如果想要把整个时尚领域全都囊括其中，这本字典可要写上好几大卷才行。我编纂的这本书，既不会因冗长而感乏味，也不会因精简而显单薄，我把这本书叫做“我的时尚小字典”。

对于当今的女性读者来说，这是一本极具实用价值的小册子。

在很多人看来，高级女子时装只是有钱人的专属，普通人只能敬而远之。其实，只要遵从最基本的时尚法则，用心挑选出适合自身气质的衣服，女士们无需花费不菲的置装费，也完全能打扮得优雅动人。

以简胜繁、得体修饰、好品味——这三条最基本的法则，可以帮助你以最少的花费获得最佳的效果。

我想告诉女性读者的是：首先，你必须了解自己，知道什么适合、什么不适合自己；然后，你要清楚自己需要什么，什么颜色能衬得你光彩照人，而对于那些让你黯淡无光的颜色，请尽量避免；再次，选择样式简单得体的服装，尤其要注意是否合身。

“人靠衣装”是自古不变的道理，总而言之——用心挑选你的衣服。如果衣服没选对，你如何能做到优雅迷人？

Christian Dior

迪奥签名

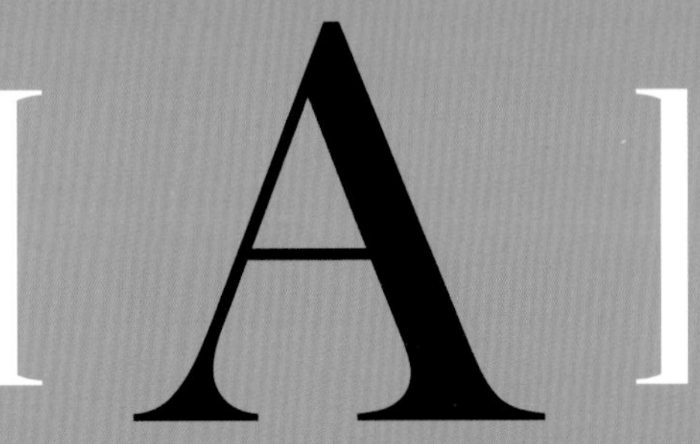

A

Accent 个人风格

选择服装时，搭配出个人风格，能够让批量生产的服装变成你的个人定制版。这一点至关重要。

所谓个人风格，是你别胸针的方式，是你打领结的方式，是你系围巾的方式，是你偏好的颜色图案……

凭借你自己的个人感觉进行选择和搭配，没人能做得比你更出色——但是请记住，全身有一个亮点就足够了。

个人风格在皓腕上的运用

黑色煤珠串成的绞股项链被用作手链，一圈一圈地缠绕在手腕上，很富有创意。

如果你想突出服装色彩方面的特点，就把所有的精力集中在色彩选择上。如果不是专家的建议，全身上下有两种颜色足矣。

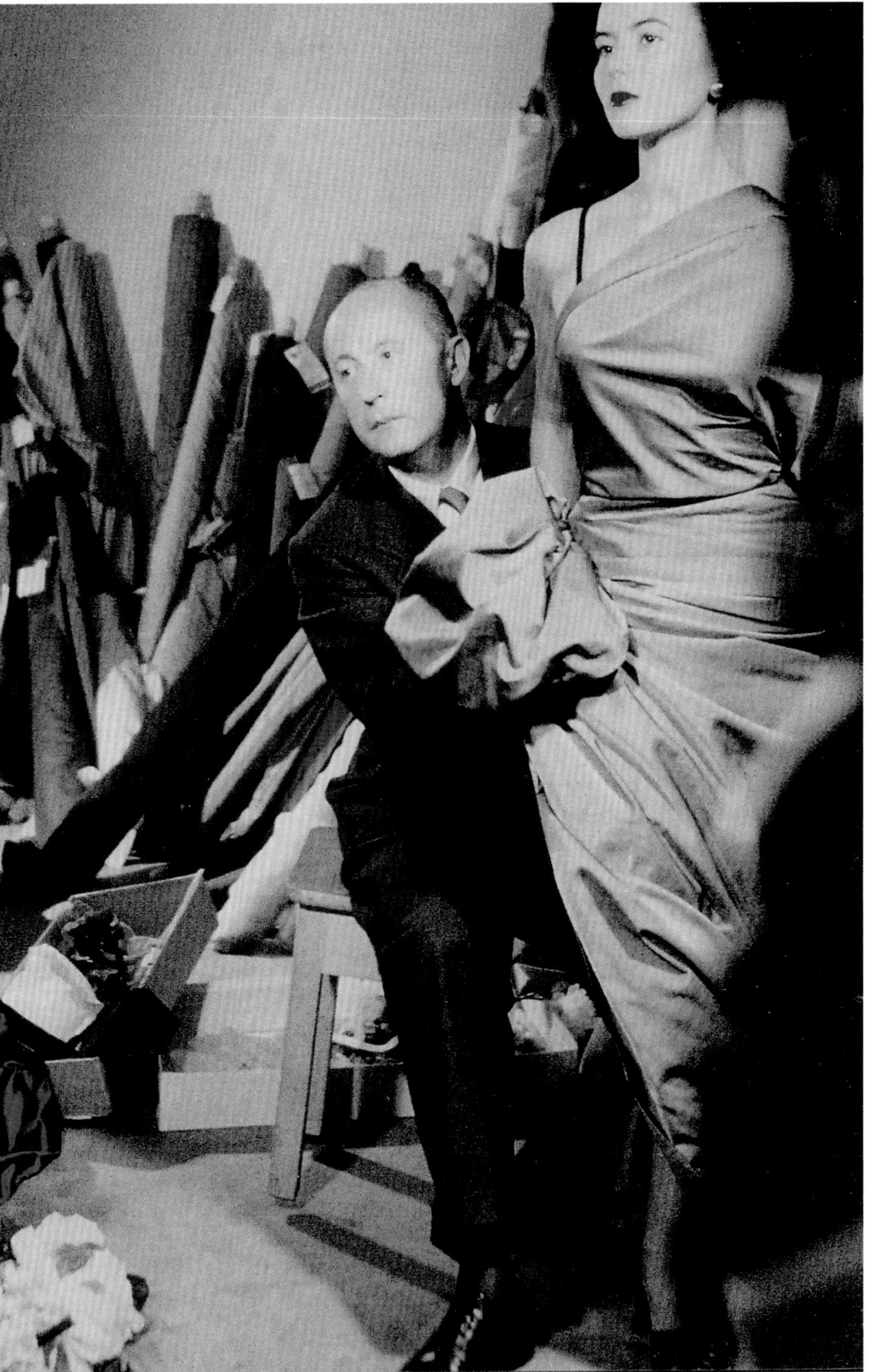

Accessories 配饰

对于那些穿着讲究得体的女士来说，配饰的作用不容小觑。如果你不想在礼服上花费太多，那么请务必在配饰上多用些心思。一件你经常穿的衣服搭配不同的配饰，会一直给人焕然一新的感觉。

如果你无法把各种颜色的配饰都凑齐一整套的话，那么挑选的时候要务必谨慎。一定要选择那种可以和你衣橱里大部分衣服都能搭配起来的配饰。

如果你囊中羞涩，黑色、棕色或海军蓝是较为明智的选择，这些永恒流行色比大红大绿要强得多。

这是你是否用心和个人品位的问题。

宁缺毋滥，只买精品。

画龙点睛的配饰

一顶祖母绿色的帽子点亮了这身沉闷的黑色套装，图中皮质手柄的雨伞来自迪奥精品店。

想改衣服吗？千万不要！
任何一点改动都会彻底毁掉这件美丽的迪奥花呢套装的优美线条和完美的平衡感。

Adaptation 改衣服

不管是礼服还是套装，改动的时候请千万小心！对于一件设计师绞尽脑汁、千辛万苦设计出来的衣服来说，想要改完之后还能保持原样，绝非易事。与其买后改动，不如再另选一件更适合自己的衣服。

任何改变的结果都难以预料，你永远也不会知道将要发生什么。

Afternoon Frock 午后的服装

简洁、优雅，年龄让女性醇如美酒

这件迷人的棕色羊毛外套就是成熟女性的理想选择。迪奥用一顶活泼的樱桃色小帽进一步强调了整体效果。

上班时，你可能整日穿套装，但到了傍晚时分，连衣裙显然还是最合适的选择。约会、鸡尾酒会、晚宴，连衣裙都是百搭选择。

如果你只能买一件午后礼服，黑色是最佳选择，无论任何面料。

低胸露肩的连衣裙是永远的经典款。而上半身和下半身的样式（是宽松还是紧身），以及面料，则取决于你的身材和喜好。

Age 年龄

在时尚圈里，女性的年龄只有两种——萝莉和女人（当然，其实还会有祖母什么的，但那个年纪的女人，根据自己的身材和生活方式，只要穿得像个祖母就好了）。什么年纪就要穿适合这个年纪的衣服，做作的装嫩或老气横秋都是不得体的。

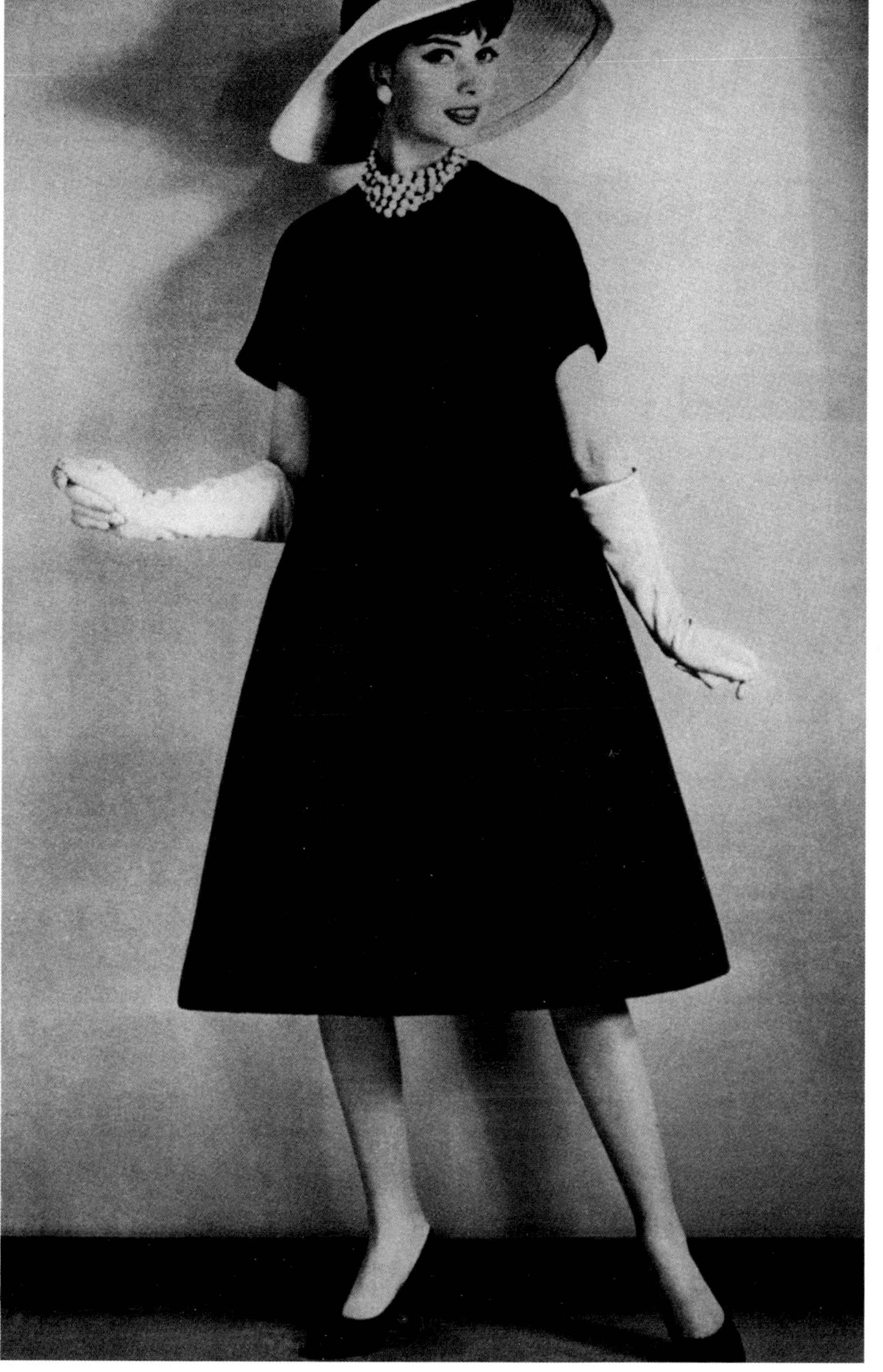

A

女子结婚前后，穿衣风格也会略有不同。对于那些未婚的姑娘们，我建议还是尽量避免大颗的珠宝和昂贵的皮草。

Aprons 围裙

我说的这个“围裙”，可不是你在做家务的时候戴的那条必不可少的东西。在设计师的语言词汇中，“围裙”是指围在裙子外面的一块具有飘扬效果的布料，它能让你的裙子瞬间改头换面，妙趣横生。

如果你的臀型不够完美，又一定要穿一条修身的裙子，那么，在前后左右任何位置加上一条“围裙”，能帮助你更好地驾驭这件衣服。

Armholes 袖孔

在制衣过程中，袖孔是非常重要的一部分。如果袖子位置不对，会毁掉整个设计。通常情况下，如果一件礼服不合适，问题也常常出现在袖孔上。

袖孔的类型是选择的关键。请记住，如果袖孔开得太深，会导致袖子过肥。

[B]

Ball Gown 舞会礼服

B

灰姑娘的礼服

这款黑白相间的长款晚礼服，迪奥选择了价值不菲的绸缎，配上一条束腰缎带和一个硕大的蝴蝶结。黑白色调的主题延续到了项链和耳环上面，熠熠发光的黑色宝石与礼服相得益彰。

舞会礼服，是每个女孩的梦想。穿上它，灰姑娘就变成了梦境中的公主。在我看来，舞会礼服也确实是所有女士衣柜里的必备行头。一件漂亮的舞会礼服，会让你成为一位真正的淑女，优雅而甜美，女人味展现得淋漓尽致。

任何材质的舞会礼服都可以选择——当然，还是越贵的越好。雪纺、绸缎、锦缎、真丝、蝉翼纱都可以，而纯棉质地的礼服通常适合年轻一些的女孩。

尽管我本人觉得宽下摆的裙子看上去很浪漫，但其实任何款式都不错，如果你身材苗条，穿没有肩带的裙子应该会很好看。

有了一件舞会礼服和一身套装，你完全可以去环游世界了，这两套衣服足够你应付大多数场合。

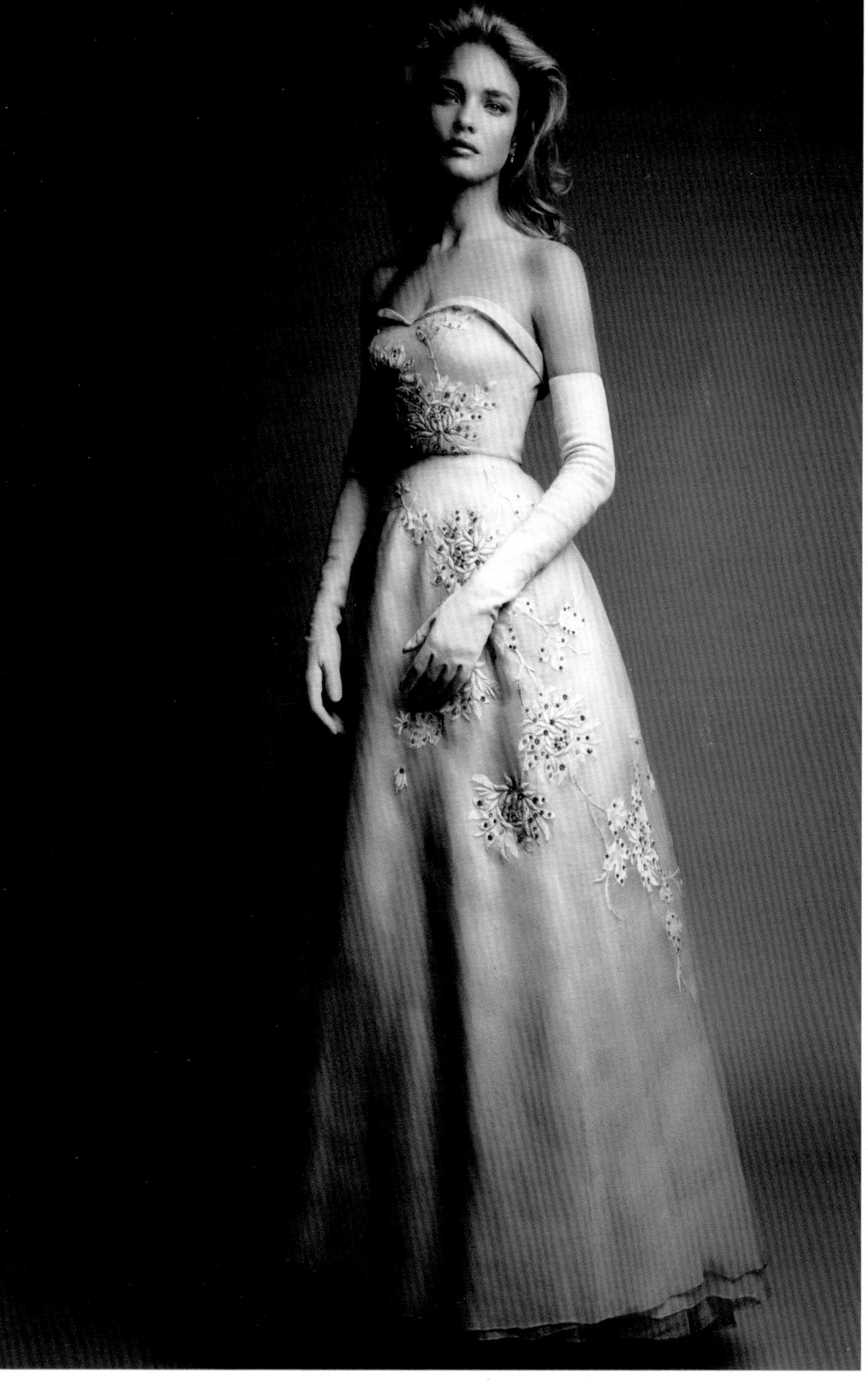

B

Belts 腰带

如果想突出纤纤腰身，系条腰带是绝妙的方法。除了运动装和海滩服装不适合之外，腰带通常是经典和流行的配饰。一条漂亮的腰带，即使是用布料做成的，也会和你的连衣裙完美搭配。而有悬垂效果的腰带（也可称之为腰部饰带），更能让袅袅楚腰看上去无比优雅。

如果你想选择一条能使背影看上去更修长的腰带的话，要格外注意一点。腰带的宽窄要由服装来决定，但如果你的腰部比例较短，就尽量不要系宽腰带。

Black 黑色

黑色，是最流行、最方便、最优雅的色彩。我在这里特意使用了“色彩”这个词，是因为人们有时候不会把黑色看成是色彩的一种。

黑色是最能让人显得苗条的颜色，只要你的肤色不太差，黑色绝对是最讨人喜欢的颜色之一。

你在任何时间、任何年龄、绝大多数场合，都可以选择黑色。女人的衣橱里，最重要的行头，莫过于一条“小黑裙”了。

黑色演绎出太多时尚，足够我再写出另外一本书了。

B

Blouses 衬衫

现在，女式衬衫已经不常见了，它曾风靡一时，多可惜啊。

当然，很多套装不一定要搭配衬衫，但如果你觉得热了，脱去外套之后，露出一件漂亮的衬衫，也是件感觉很美好的事情吧。

对于那种下身裙子特别宽大的套装来说，你可以搭配一件绣花的、蕾丝的、天鹅绒的或者缎子的衬衫。这身行头无论是白天还是晚上，都能让你神采奕奕。

Blue 蓝色

在所有颜色里面，海军蓝是唯一一个可以和黑色媲美的颜色，它们有着一样的特性。

浅蓝色是最美丽的颜色之一，如果能拥有一双清澈的碧眼，真是此生无憾。

选择蓝色时要注意一点，要在自然光和灯光下都看一看，因为不同的光线会给蓝色带来非常大的变化。

Bodices 紧身衣

B

对于任何服装来说，紧身衣都是重要的搭配元素。它是离你脸部最近的衣服，如果选择合适，可以为你塑造一个漂亮的脸部轮廓出来。

紧身衣是一件连衣裙剪裁得是否成功的关键，下面裙子的作用是为了和上面的紧身衣保持协调。利用好紧身衣，能够产生很好的修饰效果。如果你的上围不够丰满，可以选择那种有褶皱或领口设计优雅的款式。

袖筒宽大的设计，对于上围丰满的女士来说，能起到平衡身材的效果。一件有褶皱的紧身上衣，配上肩缝的流畅剪裁线条，效果也不错。

（左）完美身材配上简约的设计，大蝴蝶结是点睛之笔。

（右）带有褶皱效果的紧身上衣突显了苗条女孩的身材优势。

B

腰短的姑娘们需要拉长上半身的线条，她们需要的是一件 V 领上衣。衣缝从肩背部延伸到腰部，扣子要小巧，切忌大颗。

腰长的姑娘们走运了，她们的肩腰之间有着优雅的线条，只需要集中精力让腰看上去尽量纤细一点就好。可以让肩部看上去稍宽一点，披肩和船型领口都能帮到你。

对于那些胸部并不纤瘦的人来说，如果她的腰还算细，那就要尽可能把焦点集中到腰部去。选择剪裁线条柔和流畅的上衣，加一点褶皱也可以，但切忌过于繁复。另外，深 V 领，特别是对比效果强烈的衣领配上不对称的线条，也会很适合这种身材。

如果你拥有魔鬼身材，上衣越简单越好看。当然，也许精心而复杂的剪裁能产生“雕塑般”的效果，但如果只是随意一撇的话，复杂的设计看上去也是很简单的。

（左）纽扣和蝴蝶结为这件可爱的紧身上衣增添了一丝趣味。

（右）如果脖颈修长，船形领口能将你打造得格外高贵优雅。

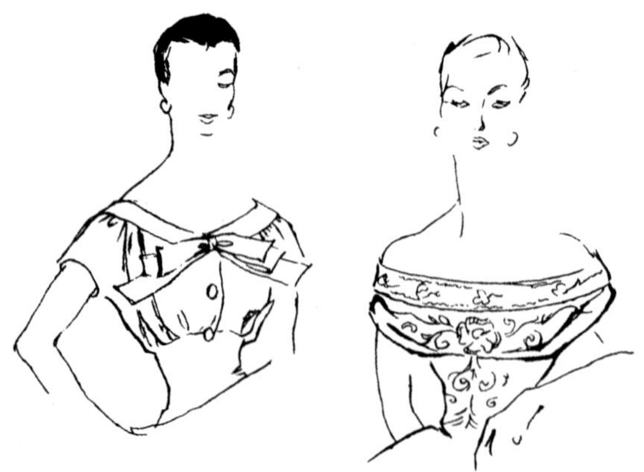

B

Boleros 无钮女短上衣

无钮女短上衣，也是打造全新造型的得力单品之一，尤其适合腰长的人。和裙子搭配时，既可以选择和裙子拥有相同材质的，也可以选材质和颜色上有对比效果的。

无钮女短上衣搭配一件低胸露肩连衣裙，显得十分摩登；如果外套是刺绣的或是天鹅绒质地的，即使只搭配一件样式简单的裙装，也能显得华丽而正式。

一件鲜艳的无钮女短上衣能为黑色的裙子增添一抹亮色和一丝春天的气息。

最后要说的是，真皮质地的短上衣亦是方便搭配的单品，而且十分优雅。如果你感觉有点冷，它既保暖又美观。短上衣也是距离脸部最近的衣服之一，它对修饰脸部轮廓有着至关重要的作用。

Boning 鲸骨

本着生活和时尚都应该尽量简单化的原则，鲸骨被运用到了服装上，这让现代人终于摆脱了祖母那辈人穿过的沉重的紧身胸衣的束缚。

当你穿的是没有肩带的裙子的时候，鲸骨的作用就变得极其重要。

Bows 蝴蝶结

B

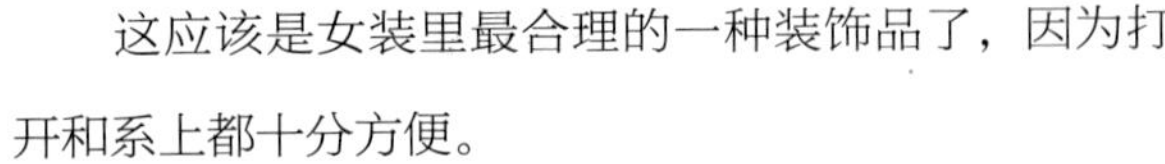

这应该是女装里最合理的一种装饰品了，因为打开和系上都十分方便。

如果我穿露肩装的话，会打一个蝴蝶结，还可以配顶帽子，或者系根腰带。蝴蝶结无论大小、无论形式、无论材质，我都喜欢，再多都不嫌。

但是，我要提醒一点，在使用蝴蝶结的时候，一定要考虑仔细，不要用错了地方。

经典的黑白蝴蝶结搭配

白色锦缎材质的短款晚装上，一条小小的黑色蝴蝶结修饰了腰线。

Brocade 锦缎

作为最昂贵的面料，选择锦缎需要非常出色的好眼光。正因为它的昂贵，所以穿上后很容易显得老气。我建议选择这种面料的短款晚礼服、伞裙、窄裙或套装，会比较适宜。

如果是用锦缎做的长款晚礼服，那么只适合于官方要人穿着出席隆重场合的情况（比如加冕典礼就是适合穿着锦缎的典型场合），这种面料雍容华贵的质感

能充分体现出对某个事件的尊贵程度。

B

Brown 棕色

棕色是一种很漂亮的深颜色，尤其适合用在大衣和套装上。棕色丝质的连衣裙和套装，搭配上一件真皮外套，自有一种妩媚迷人的味道。

棕色和黑色，是最好搭配的颜色，众多手袋、手套、鞋子都可与之百搭，因为这是一种自然色。

Buttons 纽扣

最近几年，纽扣在时尚中扮演起了重要角色。最方便的穿脱衣服的方式，还是系扣子。它们是很重要的装饰品，是一件衣服的点睛之笔。

有时候，只放一粒纽扣的效果比放很多个要好得多。

Camouflage 掩饰

自从亚当夏娃那时起，女人们为了让自己更好看，在穿衣打扮上要了无数的小诡计。掩饰是其中一项非常非常重要的内容。服装的艺术其实就是掩饰的艺术。毕竟，这个世界上完美的东西凤毛麟角，而服装设计师的工作职责就是让人们看上去尽量完美。

一位设计大师会对一件衣服进行很多精妙的裁剪和填充。特别是大衣和套装，最能凸显女士婀娜多姿的体态。

Checks 格子

我爱格子。格子衣服别致而简单，优雅而简约，充满活力，适用于各个场合。从最早有织布机时起到现在，格子就一直流行着，永不过时。

格子有很多种，你需要挑选到一种适合自己年龄和身份的出来。

年轻人可以选择格子花布外衣（注意：在西方，格子花布外衣也是同性恋者的象征之一）。身材娇小的女士可以选择小格子，而柔软的真丝或羊毛面料的错格衣服则适合年纪稍长的女士。如果你在乡下，还可以选择美丽而经典的小方格粗呢。

夏日夜晚，穿上一件纯棉的有着柔和色彩的格子衣衫，是最俏丽不过的；假日时光，选择一些格子配饰（手套、围巾等），能给你一整天的好心情。

Chiffon 雪纺

雪纺堪称最美妙的布料之一，但也是最难驾驭的面料之一。在法语里，“雪纺”的意思是“破布”。我必须要说，雪纺面料的衣服如果没有做好的话，确实很容易变成“破布”一块。

雪纺需要用在设计完美的女装上。如果你不是一个经验丰富的设计师，我的建议还是尽量不要把雪纺用在连衣裙上。当然，用它做个披肩什么的还是不难的。

雪纺质地的衬衫也非常迷人，尤其适合年纪稍长的女士们。挑选时，要选择那种柔和的中性色调，比如灰色、米黄色、米灰色之类的。

雪纺本来就是一种极其女性化的布料，如果你有一条裙子或者一身套装看上去过于硬朗，不如使用雪纺来增加一点柔和的效果。

Coats 大衣

保暖与修身兼具

迪奥的修身小外套是娇小女士的理想选择，比如这件深灰色外套，有一个很特别的搭扣。

这是一种保留了衣物的基本功能——保暖作用的服装。

石器时代的妇女，喜欢用毛皮来保暖。直至今天，制作大衣的最好面料仍然是最接近毛皮的东西，比如羊毛或者丝绒。

真丝大衣是夏天穿的，它在装饰方面的作用大过实用性。从我个人来说，我不愿意在城里看见连件大衣都不穿的女士。

至于版型，可修身，亦可宽松，全凭个人喜好。但最重要的一点，一定要实用——无论是颜色还是款式。

Cocktail Frocks and Hats 鸡尾酒会礼服及酒会帽子

酒会礼服其实也是半休闲式连衣裙的一种，只不过要特别高雅华丽一点。请注意，宴会礼服和酒会礼服是不一样的，不可混淆。

在我看来，出席酒会时，最方便的选择莫过于一条无肩带或是低胸露肩的小礼服裙搭配一件短款小上衣。这样，穿上上衣，可以很方便地走在街上；脱去

酒会帽子

或大或小、或简单或花哨、任何颜色都任你选择。迪奥为这款椭圆形小礼帽选择了黑色，戴时靠前面一点更为俏丽。

C

上衣，又很适合出席正式场合。

在面料方面，不妨选择稍贵一些的面料——塔夫绸、缎料、雪纺或羊毛（羊毛最佳）；至于颜色，以深色为宜，如果你适合黑色的话，那再好不过。刺绣或锦缎面料的裙子，还是作为晚礼服更合适。

酒会帽子是所有帽子中最别致的一种，在材质方面没有要求，刺绣或用花朵、羽毛、缎带装饰的都可以；大小尺寸也没有问题（但如果酒会举行的场所面积不大，还是选择小点的帽子吧）；颜色同样没有限制——只管发挥你的想象力，最大限度、最优雅地展现你的女人味即可。

Collars 衣领

领子的作用是修饰脸型。无论大领小领、高领低领，它的大小比例都需要用心设计才行。

别看用的布料不多，领子的形状可谓千变万化。当然，著名的“小白领”很好看而且显得年轻，但如果用得太多，难免给人廉价的感觉。

切记，不要让同一个白领子连着出现两天——它们必须时时保持洁净如新。

一定要特别留意领子的形状是否合适自己，一个不合适的领子，会毁掉整条裙子的平衡感。

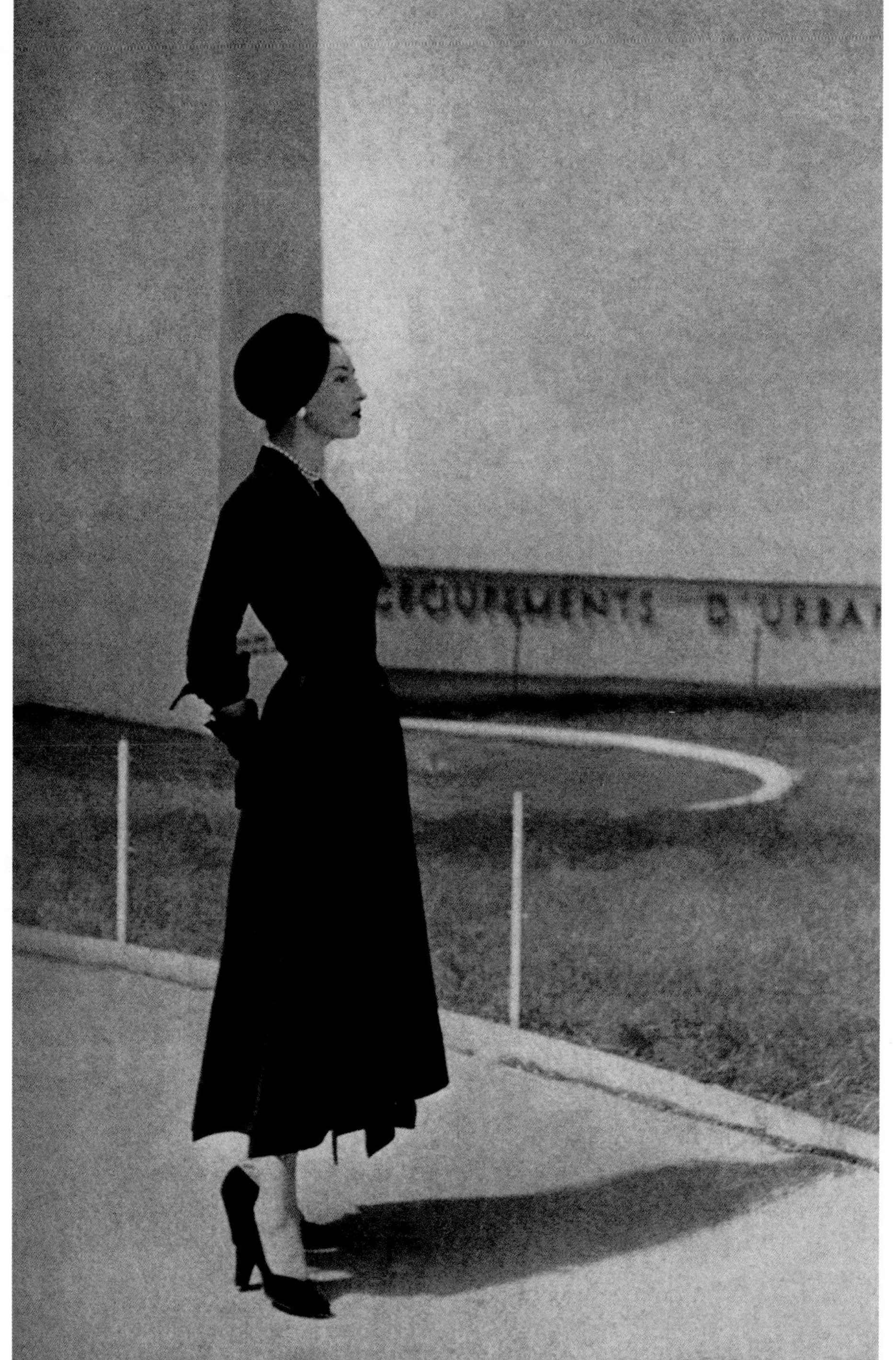

a：丝巾最常见的打结法，作为衣领，搭配普通衬衫。

b：运动衫上可拆卸的螺纹衣领。

c：打结的丝巾衣领搭配白色丝绸衬衣。

d：普通白衬衣上干净利落的打结式衣领。

e：套装的黑色镶边衣领。

f：用白色细小的羽毛做成的“小男孩”式衣领。

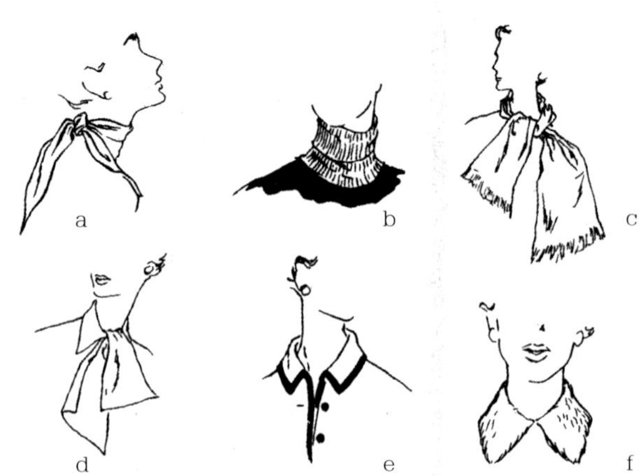

通常说来，小领子会衬托得人更加年轻；而大领，特别是带有下垂感的领子，则会给人高贵感。面料方面，如果你希望看上去更年轻，要选择清新凉爽一点的面料（比如珠地网眼布）；如果你希望给人以甜美可爱的印象，不妨选择蕾丝材质的领子（你可以自己动手做一个）。

如果你的脖颈修长，可以选择立领或中式旗袍领；如果你的脖颈不长，长角尖领或者窄尖领会很适合你。

Colors 颜色

色彩是美妙而迷人的，但一定要谨慎运用。

颜色需要常换常新。就算是最美丽的颜色，如果天天穿，迟早会让它黯然失色。如果天空永远都是天

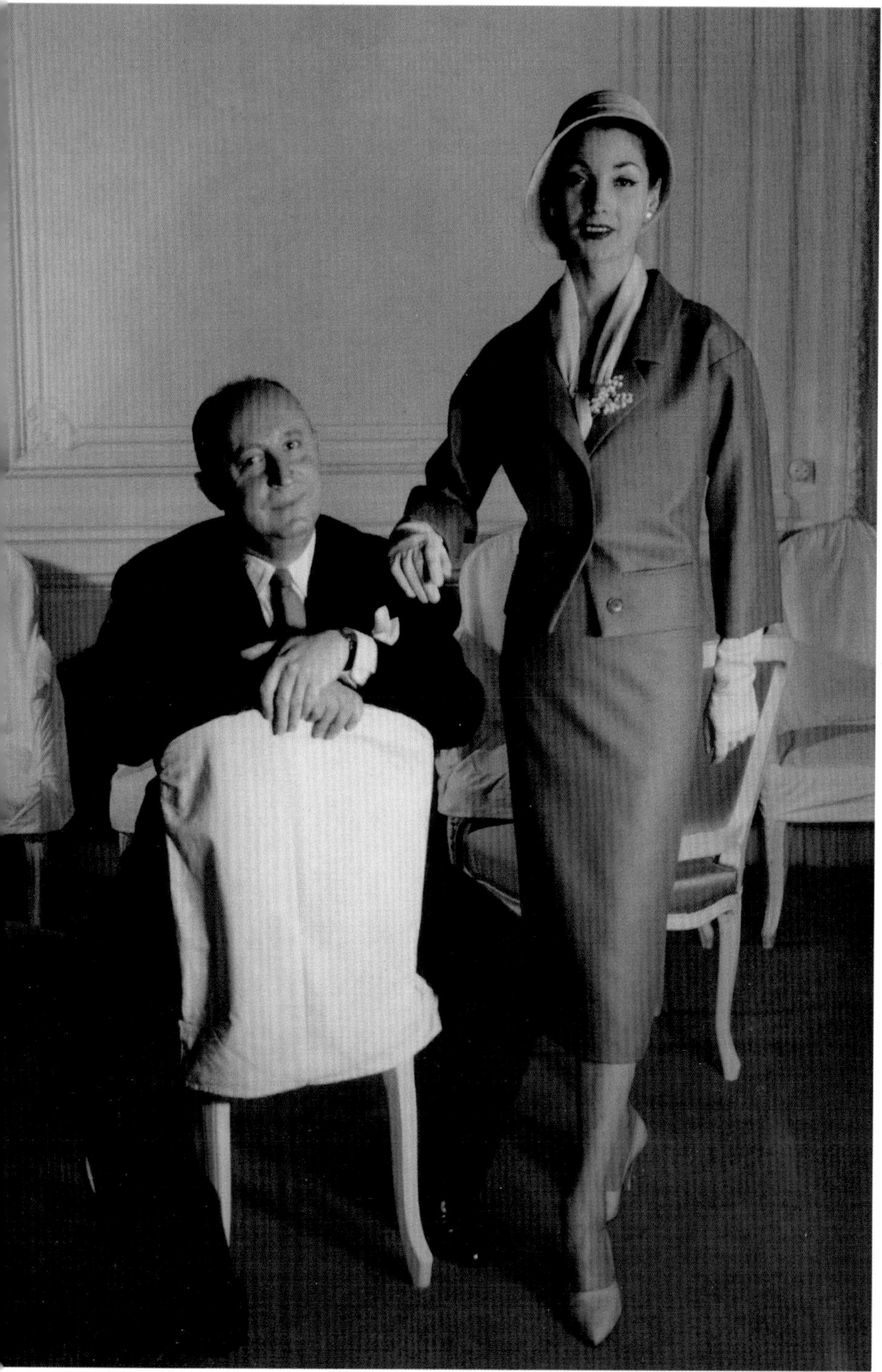

蓝色的，我们是不会经常欣赏它的。正是因为有了云彩，有了变化不定的天气，才让蓝天显得如此美丽。

自然界的万物都不是静止不变的。世界每天都在变化，天空每个小时都不同，而海洋每分每秒都在改变。

如果你希望改变一下着装感觉，不妨以多彩的配饰来打动人：一条翠绿色的围巾、一朵鲜红欲滴的玫瑰、一条明黄色的披肩、一双品蓝色的手套……

但是如果你的衣橱空间有限，可能放不下这么多配饰。

一条碎花连衣裙虽然可以让人心情愉悦，也很吸引人，但很容易让人看腻，不如一条小黑裙或海军蓝色的裙子来得实用。

我在这里说的色彩，是指那些明亮的色彩，而非灰色、米色、黑色或者海军蓝这些我们天天都会穿到的中性色。但即便是这些颜色，也需要根据自己的肤色、发色和眼睛的颜色来选择。

举个例子，白头发的人不适合穿米色的衣服，因为这两种颜色太相近，应该选择灰色、海军蓝或者黑色。

如果是夏天穿的纯棉连衣裙，那就选择尽可能鲜艳的颜色吧——反正你也会买很多条。

但如果是一件出席正式场合穿的质量好的衣服，还是要坚持选择中性色。而且，搭配的配饰也一定要

C

精心挑选。

一身衣服里出现两种颜色足矣。任何一种颜色有两个让人印象深刻的特点也足够了。

一顶鲜艳的帽子加上一条鲜艳的围巾就能成为一身衣服里引人注意的焦点。如果帽子、手套、围巾和腰带的颜色统统鲜艳到不行，绝对是一场灾难，会让人感觉脏兮兮的。

协调的搭配对于着装来说至关重要。

Corduroy 灯芯绒

灯芯绒曾经并且还会一直流行下去，不仅因为它们色彩丰富，更是因为这种面料实在是实用至极。

我非常喜欢灯芯绒，在我看来，它和羊毛是用处最大的两种面料，它会给你的衣橱增添一些不一样的元素。灯芯绒做成套装和裙子都不错，做大衣也没问题。穿上它，总能让人看起来充满活力。

天鹅绒和灯芯绒有着最美的颜色——或柔和或明亮的颜色，但由于这种面料实在价格不菲，所以还是应该用于简洁的款式上。

灯芯绒可以代替天鹅绒做大衣或套装。和羊毛质地的衣服搭配时，会呈现出很好的纹理对比效果。

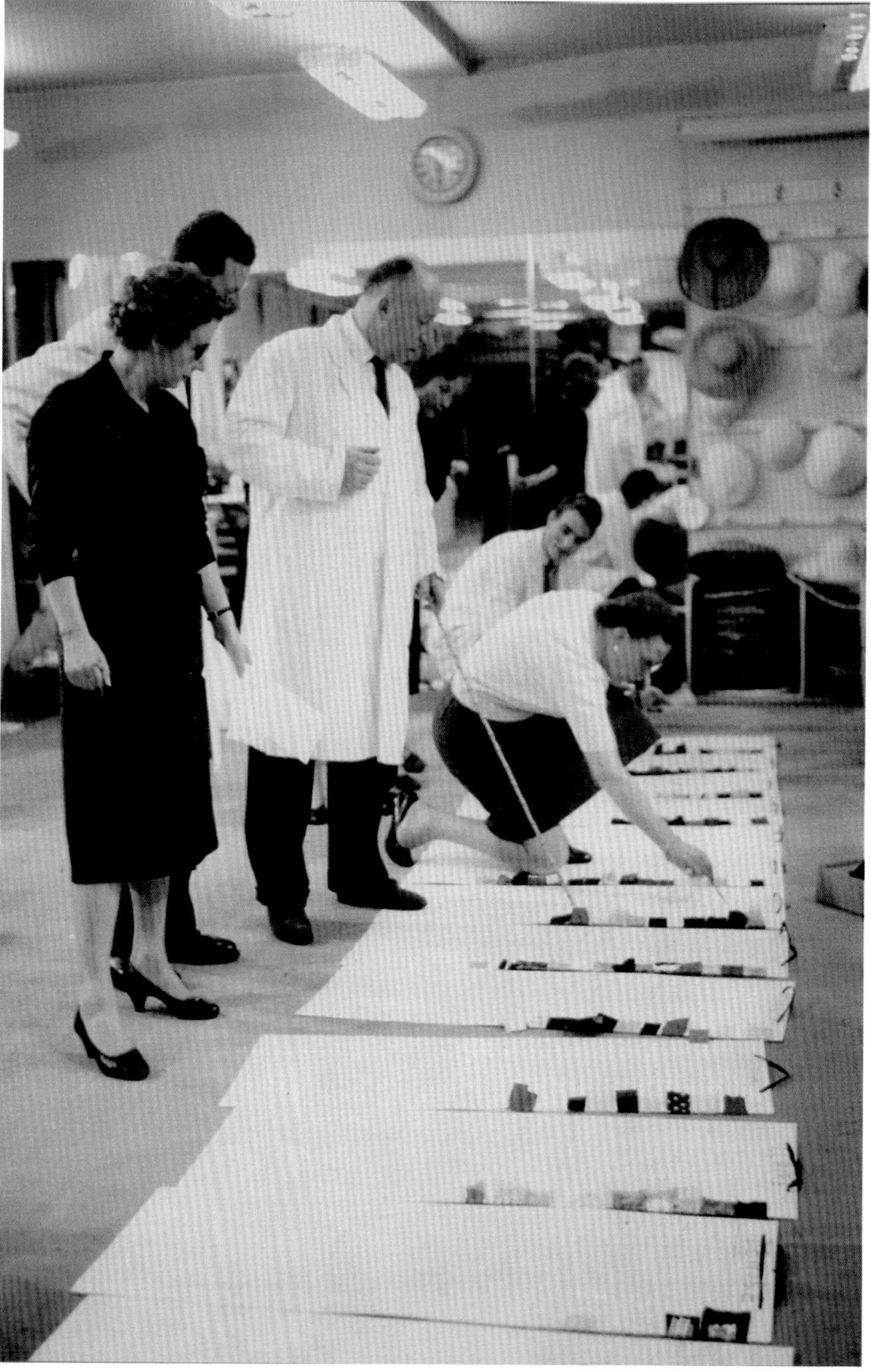

Cosmetics 化妆品

化妆品是女人美丽秘诀中一个重要部分。浓妆现在已经过时了，你不用和女话剧演员一样浓妆艳抹。

除了唇部之外，其他部分的妆容越自然越好。如果你喜欢的话，可以使用颜色鲜艳的指甲油，但我还是推荐自然色的。

Crepe 绉绸

很久以来，人们都觉得绉绸已经过时了，而现在，它又重新流行起来，因为它穿搭方便。有时候它看起来很像羊毛，只不过不如它保暖。

如果是用来做裙子，柔软的绉绸和羊毛的用法几乎是一样的，打褶什么的都没问题，万能的面料。

春暖花开时，穿上一条粉彩色的绉绸百褶裙，该是多么美好啊！

Cuffs 袖口

袖口之于手的作用，和领子之于脸的作用是一样的，它们能把手腕和手指修饰得楚楚动人。

我对白色袖口的看法和白色领子的看法是一样的，确实好看，但很容易显得廉价。

袖口对于整条袖子的影响非常大，比如长度等。如果想给一条本来已经很长的袖子再接袖口的话，要千万留神，因为如果袖子太长把手腕完全盖住的话，容易显得老气。

我喜欢在大衣、套装及连衣裙上搭配袖口，但不喜欢样子太过花哨的——带一个小翻边的最合我意。

袖口和衣服的材质可以保持一致，也可以正好相反；颜色方面也是一样。但是，就如我之前所说，出现的颜色不要太多太碎，如果裙子的领子和袖口的颜色已经是对比色了，那么你这身衣服的颜色已经足够多了。

a：可拆卸的罗纹袖口。

b：挽起的衬衣小袖口。

c：白色毛绒质地的紧袖口。长袖衬衣配大翻折效果的尖袖口。

d：利落的纽扣式衬衣袖口。

e：大衣的宽袖束口。

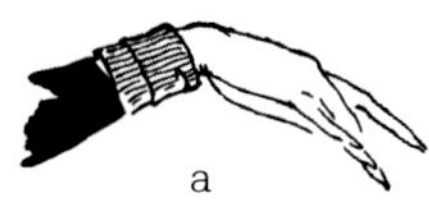
a

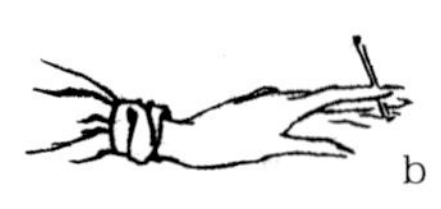
b

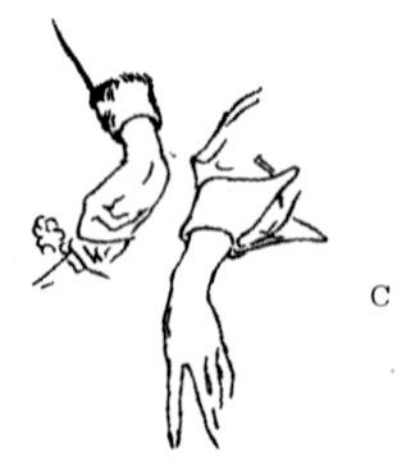
c

d

e

Darts 褶皱 /
Day Frocks 日常服装 /
Decollete 露肩装 /
Detail 细节 /
Dots 圆点 /
Dressing gowns 晨衣（家居服）/

Darts 褶皱

褶皱对于衣服起着极为重要的修饰作用，运用得当的话，效果极为迷人；但若滥用，就会产生过犹不及的结果。

做出合身衣服的第一步，是要了解各种面料的特性，懂得如何运用。只有在做紧身上衣的时候才会用到褶皱。一般来说，捏两到四个褶已经足够起到修饰身材的作用了。褶皱切忌过大，否则会很难看。

只有让接缝尽可能少地剪裁，才算得上是出色的剪裁。永远不要选择褶皱和接缝过多的样式，一来做起来很麻烦，二来穿上也不一定好看。如果你想做条裙子，不如多关注一下那种褶皱少、图案少的款式。

裙后风情无限

褶皱工艺明确运用在了这件短款晚礼服上，让这件衣服后面产生了膨胀饱满的效果。

Day Frocks 日常服装

女士套装虽然很好看，但有的女士，特别是那些身材娇小或双腿不够修长的女士，就不适合套装了。

对于这样的女士，我的建议是，可以选择毛料的日常服装。而且款式要简单经典，颜色中性。这样的衣服你可以经常穿。若想有些变化，可搭配不同的配饰。

请在自己可以承受的范围内，尽可能买优质的毛料服装。便宜的羊毛材料并不一定真正便宜，因为它

D

迪奥的一款中性风烟叶装

剪裁线条十分简洁，高圆领搭配宽松舒适的袖子。

们磨损得很快，穿不了多久就会变得破旧不堪。黑色、海军蓝和深灰色是毛料服装的经典颜色，任何时候都不会过时。

如果你年纪不大，可以选择样式简洁、紧身高领的上衣搭配伞裙；如果你不是足够苗条，建议你选择叠领形的上衣配一条有一两个褶皱的直筒裙。

V字领永远都能讨人欢心。如果你的胸部丰满的话，效果更好；如果你很纤瘦，加上一点褶皱也很不错。但是要注意，千万不要选择装饰得过于繁琐的衣服，因为很有可能在衣服穿坏之前，你自己就已经看腻了。

Decollete 露肩装

裸露的香肩

这件黑色真丝裙装，有简约优雅的领口设计。

从亚当夏娃时代起，露肩洋装就是一种非常迷人的服装。无论修身还是宽松，露肩洋装散发的女性美是无可比拟的。

如果你身材高挑，就选择宽松的款式；如果你稍显丰腴，深颜色会很适合你。

无论领口是什么样的，都要保证不能让它遮住你美妙的锁骨。当然也有例外——运动衫，运动衫的领子的高度可以随心决定。

就我自己而言，当我设计一件新款露肩装的时候，

我会慎之又慎。因为再没有什么衣服能比它更有女人味、更迷人了。

Detail 细节

D

我憎恨琐碎的东西。我喜欢的是有重点或是有一点点修饰的设计（前提是这些修饰必须是非常重要，而不是无关紧要）。那些琐碎的部分容易显得廉价，毫无优雅可言。

不过细节也有其他含义——你的服装必须要在每一个小细节上都保持优雅，从头到脚。这么说来的话，细节很重要。

Dots 圆点

如果让我说的话，圆点图案和格子一样好看——可爱、优雅，让人看着舒服，而且永远流行。我看圆点永远都看不腻。

身材娇小的女士适合小圆点图案；如果身材高挑，可以选择硬币大小的大圆点图案。如果你不够苗条，需要选择浅色圆点配深底色的图案，浅色底配深色圆点万万不行。

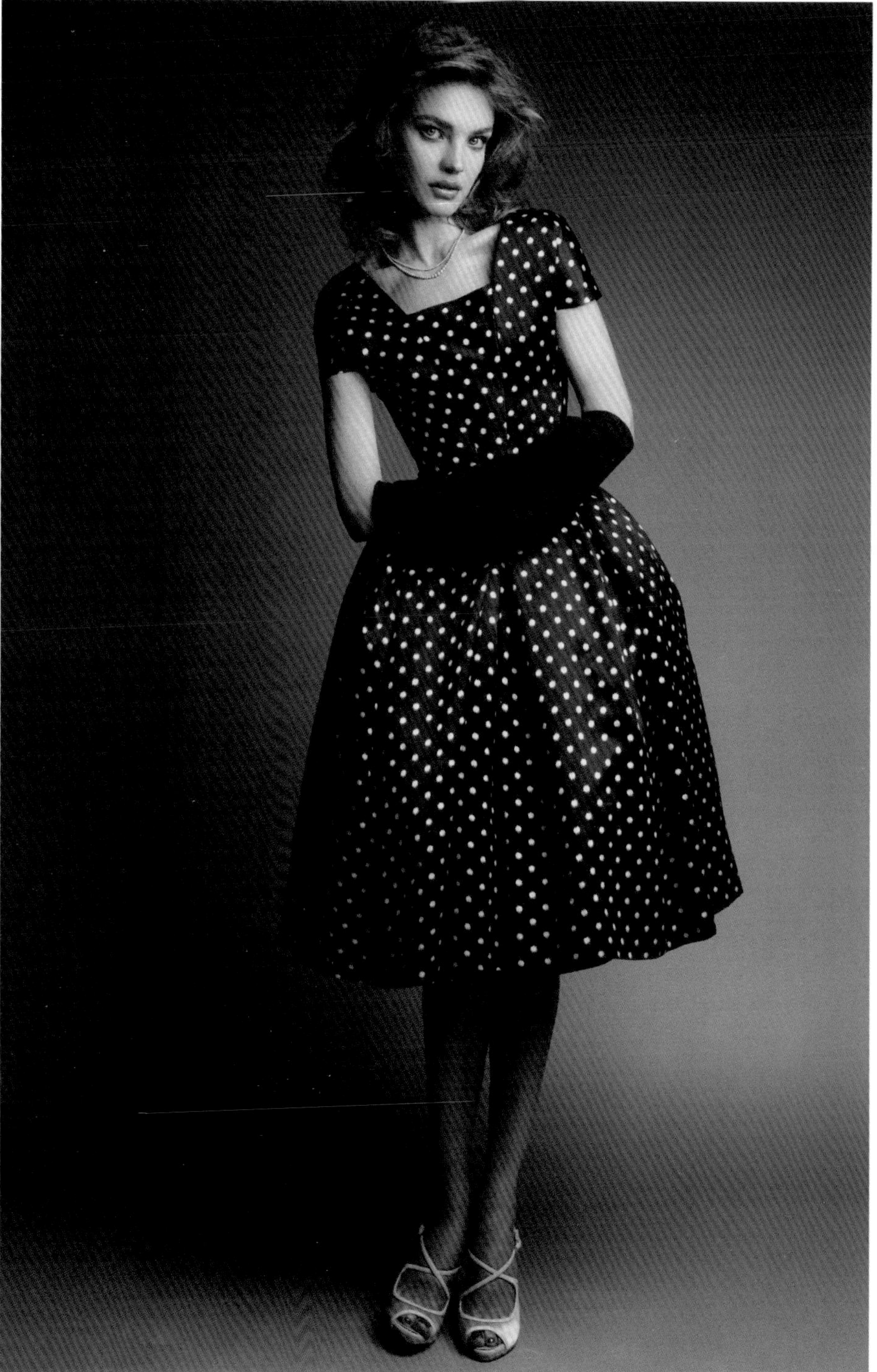

圆点图案用在休闲服装（如纯棉连衣裙和沙滩服）上尤其讨喜。圆点图案的配饰也同样光鲜可人。因为圆点有千变万化的颜色，呈现出的效果也多种多样。想要优雅，用黑白色圆点；想要可爱，用淡粉色圆点；想要花哨，就选翠绿、鲜红和明黄色圆点；想要庄重，就用米黄或者灰色圆点。

D

Dressing gowns
晨衣（家居服）

在我看来，晨衣（家居服）是女士衣橱中很重要的一身套服，有些女士忽略了这一点。

我母亲的晨衣是经过精心挑选的，从来都很得体，因为这是家人在每个清晨看到你时你穿的第一套衣服。别以为在家人面前，你的穿着就可以忽略“得体”二字。

如果你过着奢华的生活（或是在某个特殊假期），一套雪纺材质的晨衣能让你看上去美丽得不可方物。如果你的生活比较严谨，花呢、斜纹软绸和羊毛（夏天就选择纯棉材质）的晨衣，再好不过了。

我觉得，穿着晨衣的女子，温柔本性一览无遗。尽管晨衣的实用性还是首要的，但也不要过于朴素。一点花边或是天鹅绒的修饰都非常适宜。

[E]

Earrings 耳饰

迪奥的经典搭配

迪奥将深灰色裙子和浅褐色羊毛厚外套搭配成套。浅褐色帽子和米色手套让整套服装的色彩搭配更加协调而亮丽。

如果不是在乡下，我非常喜欢看到女人们佩戴耳饰，这有一种画龙点睛的美丽。我一直要求我的模特们一定要打耳洞。

其实，耳饰不用多么精巧复杂，一副黄金、珍珠或是宝石制作而成的简洁款，就非常迷人了，特别在夜晚，更显华美。

Elegance 高雅

高雅，这个词需要单独写一本书来给它一个正确的定义。我在这里只想说，高雅是美貌、天性、用心、真诚的一种巧妙融合，除此之外，都不能称之为高雅，只是矫饰，相信我。

高雅不是靠金钱堆砌出来的。我前面提到的四点中，最重要的是用心。用心挑选你的服装，用心去搭配它们，用心去保养它们。

Embroidery 刺绣

这是女性灵巧的双手创造出来的最美丽的东西之一，但如果想打造高雅形象，要谨慎使用才好。在日常服装上我不喜欢出现绣花，除非这件衣服简单至极。

如果用心选择的话，刺绣材质用在酒会礼服和晚礼服上会很好看。出席宴会的时候，穿上一条绣花小短裙会非常亮眼，但绣花服饰一定要用在合适的场合，否则会给人矫揉造作之感。

晚礼服上的精致绣花可以大量运用在晚装上面。迪奥的这件短款晚礼服，价值不菲的红色绸缎面料上满是宝蓝色绣花，华丽耀眼。

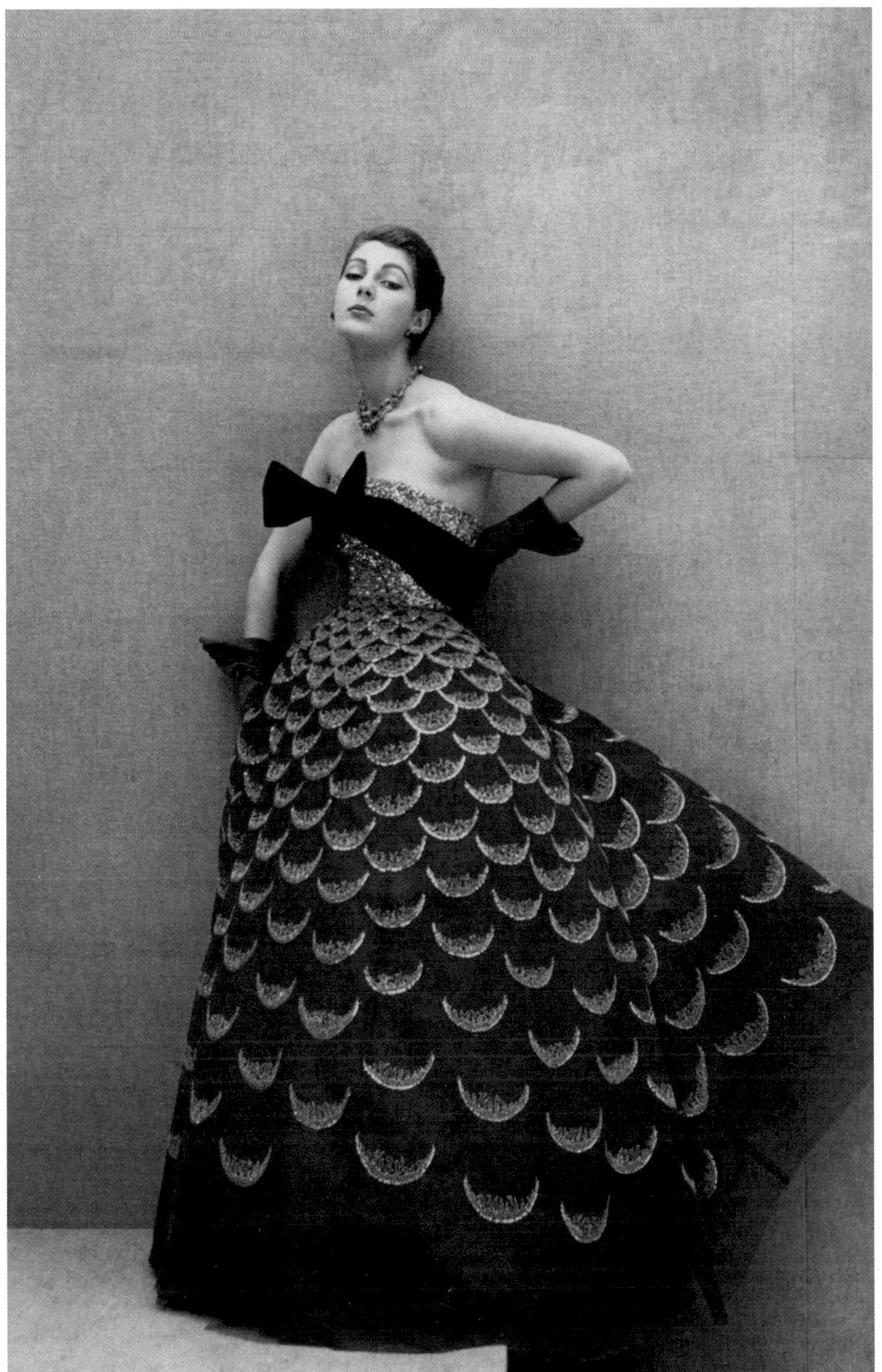

适合使用绣花的地方：

衬衫——可以用绣花装饰领子和前胸，但一定要用上等蚕丝。如果你的色彩感觉不是很出色，绣花的颜色最好只使用一种。

裙子——特别是为了休闲假日而选择的裙子。可以选择全棉质的深灰或黑色裙子，搭配设计大胆、颜色鲜艳的绣花。注意，这种衣服只适合年轻女孩。

晚礼服——刺绣用在晚礼服上很精彩，蚕丝、宝石、亮片都可以成为刺绣原料，它们赋予了晚礼服奢华迷人的气质。

酒会礼服——有时候在领子和口袋处用上一点绣花也不错——但切记，一点就够。

Emphasis 重点

如果你有一个与众不同的突出特点，那就是一个很值得去强调的重点。实际上，整个时尚都是在强调重点——女人的美丽。

如果你的手很漂亮，只要袖子的长度合适，袖口就能突出这个特点，它需要处于腕骨上恰当的位置。

领子的作用就是强调漂亮的脸型，因为它能起到修饰脸型的作用。

几乎所有连衣裙的剪裁，都是为了突出纤细的腰

肢。还有腰带，无论宽窄，都能起到辅助作用。

线条优美的脚踝需要“芭蕾”长度的裙子，配上飘垂感的裙摆来强调。

画龙点睛，恰当地强调重点

迷人的领口设计衬托出迷人的脸蛋。迪奥的这件黑色天鹅绒上衣领口为黑色绸缎质地。小帽上装饰有桃红色的精致刺绣。

D

Ensembles 成套服装

最优雅的着装方式，莫过于成套服装。我相信，英国女性尤其喜欢这样的穿着。

对于一身可以搭配成整套的服装来说，裙子的设计需要相当简洁，而上衣或修身或宽松、或长或短均可，视个人品味而定。

这样搭配成套的服装虽然可以取代套装，但却不如套装实用，因为外观不是那么容易有变化。如果穿

套装的话，你可以搭配一件量身定制的衬衫，或是一件修饰花哨的衬衣，或是一顶特别的帽子，都会呈现出不一样的效果。而搭配成套的衣服，则只能有一种穿法。

对一些并不特别适合穿套装的人来说，我的建议是，选择可以搭配成一套的衣服。

颜色方面，我的建议和套装是一样的——选择深色、百搭的颜色，比如黑、灰、海军蓝或米色，因为这些是常穿不腻的颜色，而且很好搭配配饰。

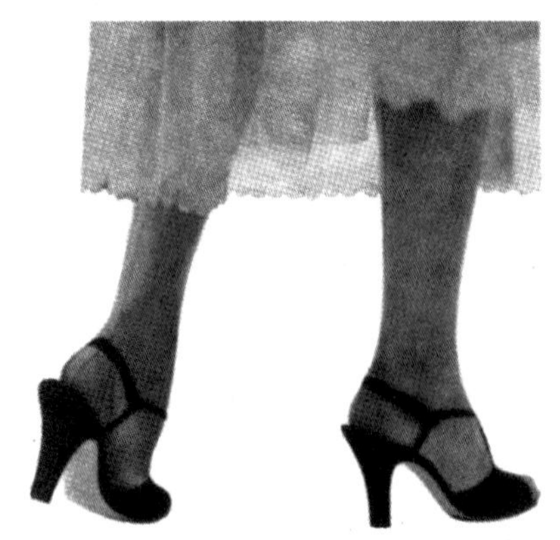

搭配之美

美腿还需美鞋来衬托。这双鞋是由克里斯汀·迪奥和罗杰·维威耶共同设计的。

Ermine 皮草

皮草，是纯洁和高贵的象征。在日常穿着中，冬天的大衣配白色皮草做的领子或帽子，会让人觉得非常可爱。晚上的时候，穿一件皮草短外套或大衣也很好。

Faille 罗缎

这是一种很美丽的丝质布料，属于粗横棱纹织物的材质。虽然光泽度略逊于绸缎，但使用范围却更广，上身效果也更显瘦。

罗缎材质的衣服制作起来比较困难，因为很容易起皱，所以没经验的裁缝还是避而远之为好。

F

Feathers 羽毛

高雅绝配

这顶华丽的毛皮帽子的顶部由羽毛制成，这些细小的黄色羽毛是为了搭配下面黄色天鹅绒大衣。

羽毛长在鸟儿身上很美丽，插在帽子上也很迷人，但羽毛的使用一定要有好眼光才行。它们既能看上去很美丽，也能看上去很可笑。

印第安酋长佩戴羽毛，显得无比威严；只要用心搭配，女士们也可以运用羽毛凸显优雅出众的气质。务必选择小巧鲜艳的，大根羽毛显得笨重，不适合女性。

Fichu 披肩

披肩，用一块不大的三角形或正方形的布料，折叠成三角形的一种配饰，搭配晚装倍显优雅。在当今时尚界，披肩表现出将长围巾取而代之的趋势，因为后者显得笨重累赘。

实际上，如果你觉得长围巾很难驾驭的话，我的建议就是选择一条披肩，镶流苏边的、绣花的都可以，不限材质。

想保暖的话，可以选择羊毛披肩搭配羊毛的日常服装；丝绸、锦缎甚至蝉翼纱材质的披肩可以搭配晚装。

白天用的披肩，可以选择深色或者斜纹颜色，或者令人愉悦的深红色、绿色、蓝色；如果是晚上，特别是年轻姑娘，可以选择淡雅柔和的颜色。

Dior

Eric

Fit 合身

一件好衣服，最重要的一点，就是要合身。那些好像套了个麻袋在身上的女士，我看着就烦。

合身的衣服，能凸显你身材的曼妙之处，掩盖住小瑕疵。

一个完美合身的设计是可遇不可求的，通常一件衣服都需要三次试身，有时候这个次数可能要加倍。

对于那种有纹理的面料要小心处理，如果处理方式正确，一点点的褶皱就能实现好的修身效果；如果处理不当，无论捏多少褶都不行。

因此，裁剪裙子时，动手之前一定要好好了解所用的面料和想要的款式。

Flowers 花朵

花朵，是上帝继女人之后送给世界的又一件最可爱的事物。但这些美好迷人的花朵，使用起来也一定要留心。

花朵能够为黑色服装带来一抹亮色。图中的花束来自迪奥，由三色堇和含羞草组成。

一顶繁花装饰的帽子，会很可爱，亦会可笑。装饰在扣眼、腰带或是低胸装领口处的花

a: 精致的晚装头饰花朵的选择务必和个人风格相匹配。图中这两大束菊花来自迪奥。

b：迪奥的这两条裙子将羽毛和边穗作为装饰。左边这条裙子整个由细小的深红色羽毛组成。右边的绿色毛裙则在裙边镶嵌了宽幅边穗。

朵最是好看，但一定要根据个人特点来选择花朵的类型和颜色。

我很喜欢印花布料，颜色鲜艳的印花真丝面料非常适合日常服装、晚餐裙装和酒会礼服。印花配上耀眼的颜色，也非常适合假日休闲服装。

Fox 狐皮

狐皮，最美丽的皮毛之一。唯一的缺点是，它在时尚圈流行时间太长了一点，难免显得有些过于普通。

就我个人而言，我并不喜欢狐皮外套，总觉得它适合用在配饰上面。在大衣、套装甚至花呢外套上用狐皮来做装饰点缀，都很好。

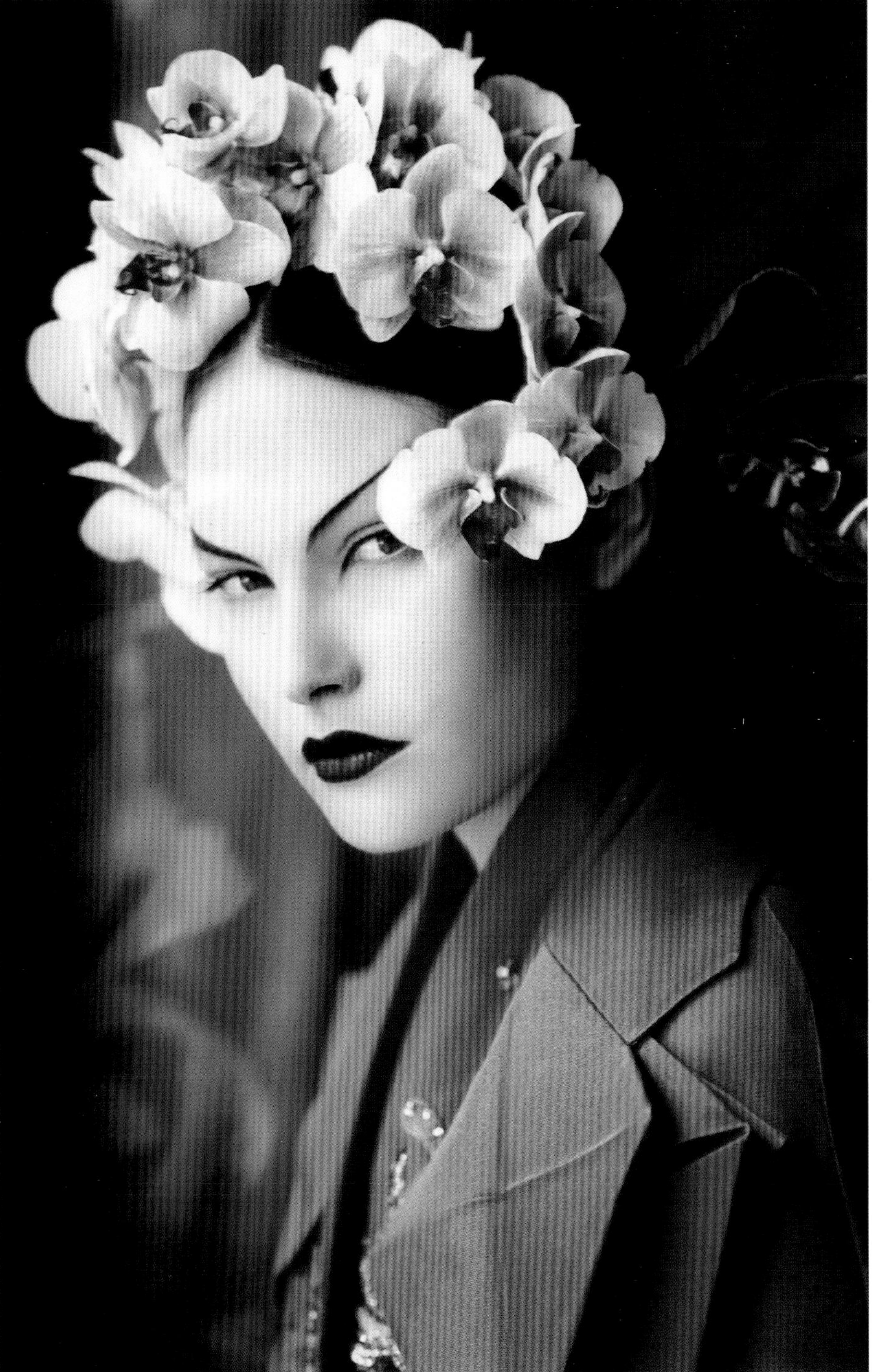

Frills and Flounces
褶边和荷叶边

这些装饰，能为裙子带来十足的浪漫感觉，又不失简约年轻的气息。最近这些年，荷叶边被大量使用，但是现在的时尚风向已经转向了旗袍式裙子，凸显苗条的臀部线条，因此荷叶边也许会暂时退出流行 T 台。

但不管怎样，我喜欢荷叶边。对年轻女孩来说，没什么比荷叶边更合适她们了。

F

Fringe 穗

边穗，是用衣服本身的材料或者镶嵌穗带做成的，是一种很漂亮的装饰品。披肩围巾因为有了边穗而具有了自然的修饰效果。

在20世纪，人们常常把边穗用在整条裙子上，这也是现在为什么在运用边穗的时候要格外小心的原因——很容易就有一种过时的感觉。

[G]

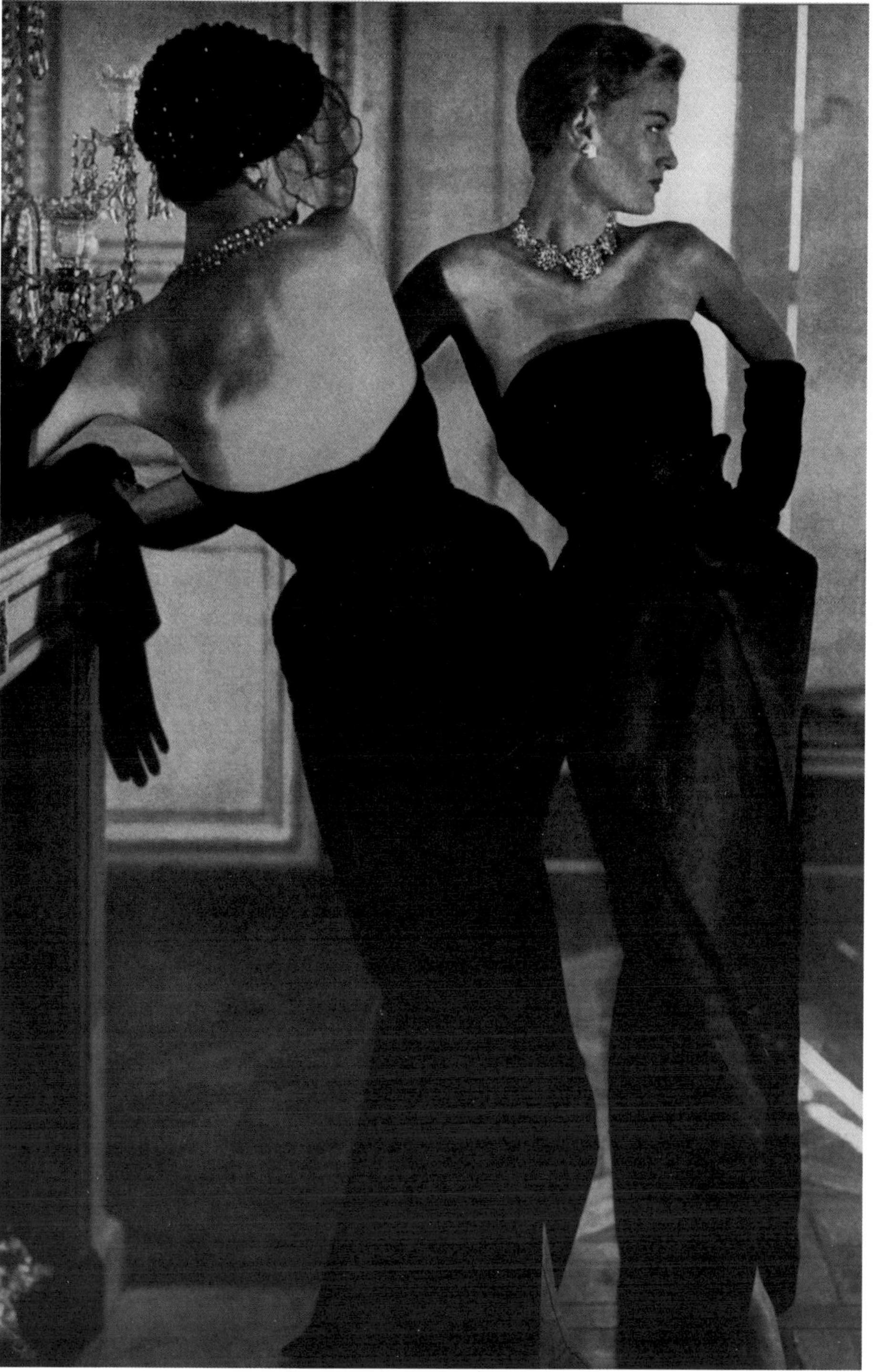

Gloves 手套

在城市生活中，宁可不戴帽子，也不能忘记戴手套。夜晚时分，一双长手套的魅力是无可比拟的。

当你佩戴手套的时候，无论白天还是晚上，可以利用它来给自己增添几分颜色。但我不喜欢手套的图案太过花哨，我个人更偏爱自然色，例如黑、白、米黄、棕色。我喜欢设计简单一点的，无需过多装饰，但剪裁一定要出色。

如果你愿意，可以根据自己的肩膀的线条来选择手套；若你保有传统的审美方式，选择长度及肘的款式就好。长款手套会让你的头颈部线条看上去修长挺拔，倍显优雅。

如果是皮质的手套，选料务必上乘。与其戴一副廉价的皮革手套，还不如选择普通布料的手套。

迪奥说："对于晚装而言，没什么比一双长长的手套更迷人的了。"

G

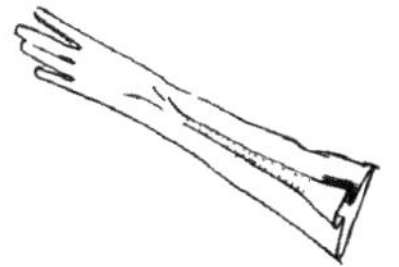

适合在夜晚佩戴的长款小羊皮手套

适合在夜晚佩戴的短款灰色绸缎手套

适合日常佩戴的白色小羊皮手套

Green 绿色

绿色，常被认为是难以驾驭的颜色，我倒不这么认为。我一直相信我很适合绿色，这是一种美丽高雅的颜色。

绿色是大自然的颜色。如果你心中的颜色表一直追随着自然的感觉，那永远也不会出错。我喜欢看到绿色运用在每个明暗光影中、每块面料上，从早上的花呢衣服到夜晚的绸缎衣服。任何人、任何肤色，总会找到属于他们的那款绿色。

G

如果你能够保持简单、整洁的着装线条，那就算是得体的打扮了。请注意图中这件迪奥日常裙装的修身上衣。

Gray 灰色

迪奥把灰色用在了这件羊毛质地的午后连衣裙上。请注意，它的领口设计极为简洁，只有一粒纽扣。

灰色，是一种最百搭、最实用、最高雅的自然色。灰色法兰绒衣服很好看，灰色花呢服装很好看，灰色羊毛服装很好看。

如果你的肤色适合灰色，那再没什么比一件完美的灰色绸缎晚礼服更显高雅的了。对于日常裙子、套装或者大衣来说，灰色也是一种很理想的颜色，我的首选总是灰色。

对很多人来说，他们不适合黑色或者深灰色。如果你身材丰腴，一定要选择深灰；如果你体型娇小，浅灰色更适合你。

如果你不想在服装上花费太多，灰色是最实惠的颜色，因为无论什么配饰，灰色大衣或套装都能与之搭配。不仅如此，灰色运用在配饰上也非常百搭。白色可能是最清新最甜美的对比色，但是无论你最喜欢的颜色是什么，选择灰色永远不会出错。

Grooming 修饰

修饰，是展现真正高雅气质的秘密。最漂亮的服装、最华美的珠宝、最迷人的美貌，也比不上得体适宜的小修饰。

Bérard

[H]

Hairstyles 发型

三个迪奥模特展示出的三款风格迥然的发型。

像所有和脸部靠近的装饰物一样，发型的作用无比重要，其重要程度超过了帽子和衣领，因为那毕竟是你身体的一部分。

在头发上，投入多少精力都不为过，但我的意思并不是说我喜欢那种精雕细琢的做头发的方式，恰恰相反，我讨厌得要命。但漂亮的发饰还是必需的。

如果你没办法经常去发型师那里做头发，那就选择一款简单的发型吧，自己在家就可以打理。

头发要勤于打理，不是每天要整理一次头发，是一天要整理很多次。

我不喜欢染发。老天赐予你的头发颜色一定是最好的、最适合你的个性的。做自己，比什么都重要。你当然可以改变自己，有所提升。但无论如何，还是要坚持做自己。

如果你年纪不大，天生一头灰发，这会让你看起来格外优雅，而且更加年轻，染发是达不到这种自然的效果的；如果你上了年纪，就算染发也是骗不了人的。

handbags 手袋

手袋，是一种非常重要，却常常被很多女士忽视的配饰。

从早到晚，你可以只穿一身套装，但如果想保持完美穿着，不可只拿一个手袋。早晨的手袋可以简单一点，晚上则需要搭配一个小巧一点的款式，如果你愿意，稍显贵气的也没问题。

图中两款手袋均来自迪奥。左边这款黑色羊皮手袋适合白天使用；而右边这款则是晚宴手袋，金色小羊皮质地，外覆罗缎及饰带刺绣。

最简单且经典的款式，是最好的选择，而且最重要的是——必须是真皮质地。便宜的皮子不见得真的便宜，它们也许并不耐用。

如果你只能拥有一到两个手袋的话，要选择黑色或者棕色的，因为百搭。

白天，你可以选择马鞍针步缝线造型的手袋；但在午餐或者正式午餐过后，我更愿意选择无缝合接口的皮质手袋，小牛皮、羊皮、鳄鱼皮什么的，优先考虑小羊皮。

晚间，手袋可以选择绣花或是花哨一点的材质。

Christian Dior

如果你喜欢，选择和你的服装同样材质的手袋也可以。如果想选择一款百搭的晚宴包，我建议选择金色或者金质的手袋。

记住一点，手袋绝不是废纸篓！你不能在里面塞一堆没用的东西后还指望它能看起来漂亮且长久耐用。和衣服一样，手袋也是需要保养的。把包里的每样东西放到该放的地方，别总是把口红、钞票和手绢都扔到一起。

Hats 帽子

现在，终于说到这本书里最紧迫的一个问题了——你到底应不应该戴帽子？

在巴黎市内，你如果不戴帽子就不算穿好了一身衣服。帽子不仅为你的衣服画下一个完美的句号，而且是凸显个人气质的最好方式。比起其他衣服来，有时候帽子更容易表现出个性。

一顶帽子，能让你看上去或轻松、或严肃、或高贵、或快乐——有时候也许是丑陋，如果没选对的话！帽子，是女性气质全部精华所在。这么一个能够展现风情的强大武器，谁要放着不用真是有点儿傻了。

在材质选择上，帽子的标准和手袋、衣服一样，选择尽可能好的材质。

帽子与配饰的完美组合

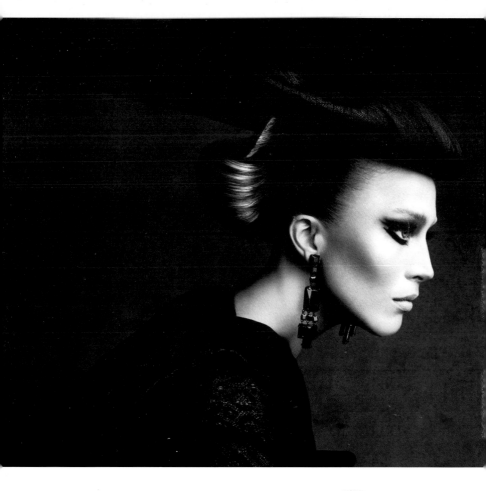

为了配合这顶浅灰色帽子，迪奥用一个青铜色的小夹子来进行装饰，包括下面的项链和耳环，这是一个三件套组合。

冬天，天鹅绒和高品质的毛毡材质的帽子看上去会很讨喜且实用。颜色方面，可以选择带有奢华感的颜色。

毛皮帽子也很漂亮，除了保暖之外，一顶小小的毛皮帽子更能显得女人味十足。如果毛皮大衣对你来说有点昂贵，而你又想在天寒地冻的时节拥有一点点毛皮的服饰，毛皮帽子绝对是不二选择。

帽子的线条，就像衣服的线条一样重要。现在有太多帽子都是胡乱堆了一堆羽毛和花朵之类的装饰在上面。对一顶帽子来说，如果有好的剪裁，即使没有任何装饰，仍然会吸引人的目光。同样的，如果你的帽子原本的剪裁很好，千万不要因为一时兴起，给它插上一堆花朵毁了它。

夏天，一顶丝绸或是编织材料质地的小帽子会很好看——我之所以特意强调是“小”帽子，因为和大帽子比起来，它们会方便很多。那种大帽檐的帽子，很快就会让你厌倦，除非是在盛夏季节，否则很难戴出优雅的感觉。你不想一直扶着帽檐，对吧？当然，如果是合适的时间、合适的场合（比如游园会），一顶真正的大帽子无疑是最出众、最吸引眼球的。

运动时，或是在乡下的时候，我倒不是很喜欢戴帽子，除非碰到刮风下雨、大太阳的天气，这时候帽子回归到了它最原始的作用——遮住脑袋。

Heels 鞋跟

图中的高跟鞋来自迪奥。这款金色小羊皮晚宴高跟鞋的脚后跟线，镶嵌了人造钻石做装饰。

鞋跟，是鞋子最重要的部分，你迈出的每一步都依靠你的鞋跟。有时候，有些自身条件没有那么完美的女士，会用优雅的步伐展现自己优雅的身姿。

过高的鞋跟会显得庸俗丑陋，而且穿起来也很难受。但平底鞋有时候会让你看起来男生气十足，只有在运动和乡下的时候才适合穿。如同在其他事情上都要恪守中庸之道一样，中跟是最好的选择。

在晚上出席一些场合的时候，选择彩色鞋跟的鞋子会很有趣，但我通常偏爱素色鞋跟或与鞋面保持一致颜色的鞋跟。

鞋子是很私人的东西，你的鞋子必须要你自己来选择才行。

Hemlines 裙边离地高度

关于这个话题，已经有过太多讨论，但就我个人而言，我认为这样一英寸一英寸地计算裙边究竟应该离地有多远，实在是有点荒谬。这是因人而异的事情，由每个女士的体型和她们的腿长决定。

要想找到适合自己的裙长，主要还是看自己的穿衣风格和自己的身高。好品味，是唯一的标准。

Hipline 臀围

二战以来，由于和纤纤细腰形成的鲜明对比，臀围已经成了时尚界关注的焦点。近些年来，人们的兴趣点又上升到了胸围。除了蓬松裙之外，臀围的问题已经不再被人关注。

如果你的臀围不大，任何款式的裙子都适合你，紧身铅笔裙、百褶裙、蓬松群、喇叭裙；如果你的臀围不如你期望的那样苗条，请务必远离那种缀着一串串珠子的裙子、有荷叶边的裙子、装饰过于繁琐的裙子。搭配显得肩部略宽的上衣，好让整体效果显得平衡一些。

如果你的腰部和臀部都很苗条，一定要尽力强调出来。迪奥告诉了你如何做到这一点——这件黑色羊毛裙搭配了一个大大的蝴蝶结，很是抢眼。

Holidays 假日

假日，要穿得自在、休闲、简单，千万不要穿着奇装异服，把自己打扮得像去参加假面舞会一样。

你可以穿裙子、宽松长裤和上衣、花呢或纯棉的衣服、运动装，总之是所有你喜欢的，能让你感觉轻松、快乐、休闲的服装。

但请一定要保持优雅的仪态。我觉得英国女性在这一点上表现得尤其出色，她们总是清楚在运动时该穿什么，放假时该穿什么，这是其他国家的女性都应该向她们学习的地方。

休闲、实用

左图中这件漂亮的短夹克的后背和袖子使用了针织面料，前面则是能起到防风作用的小羊皮。

右图中这件休闲长裙，迪奥选择了米黄色的粗呢面料，和上面那件夹克一样，来自迪奥精品店

[IJK]

Individuality 个性

只要人类还没有变成机器人（我希望这一天永远不要到来），个性永远都是拥有真正高雅气质不可或缺的条件之一。

如果你不能让每件衣服都为你量身定制，那就努力去寻找那些真正契合自己个性的成衣吧。

现在已是大批量生产的时代，你完全可以找到各种各样适合你的服装款式。你自己的个性气质究竟是什么样的，这个问题一定要想清楚。别忘了一点，个性不代表离经叛道。

真正优雅的女子不会成为时尚的奴隶。如果某个新潮的款式并不适合你，请果断无视它。每一季的新款不计其数，这是锻炼眼光、检视品位的好机会，从这些眼花缭乱的单品中选出最适合你的那一件。

I

图中迪奥的这件黑色大衣和裙装使用了黑白格图案的衬里，搭配同样格纹图案的帽子，凸显了强烈的个人风格。

Interest 兴趣

当代人对时尚表现出了前所未有的关注，而时尚也从来没有像现在这样唾手可得过。

就在几年前，巴黎还只有为数不多的几个大牌，如薇欧芮（Vionnet）、沃斯（Worth）、香奈儿（Chanel），大多数女性甚少有机会接触到那些资深女装设计师的作品。而现在，通过各种时尚杂志、时装批发商店，全世界富有创意的女装设计师们随时待命，为任何一位女士服务。

全世界的媒体都在报道巴黎时装发布会的盛况，每一个细节都不会放掉，远在千里之外的女士们甚至在几个小时之内就能了解到本季的最新款服装。她们可以复制那些一生都投入在时尚事业里的人的创意，可以在成千上万、形形色色的设计款式里挑挑拣拣，她们比自己祖母那代人幸福多了！这些关于时尚的新闻报道也带来了一个问题——时髦女士们需要运用自己的好品味甄别挑选出真正适合自己的款式。

不管你看着穿在别人身上的某条裙子或大衣有多好看，在你自己入手之前，一定要先想想："我穿上会是什么样？"如果这件衣服不符合你的气质、年龄、身材，果断选择其他的。

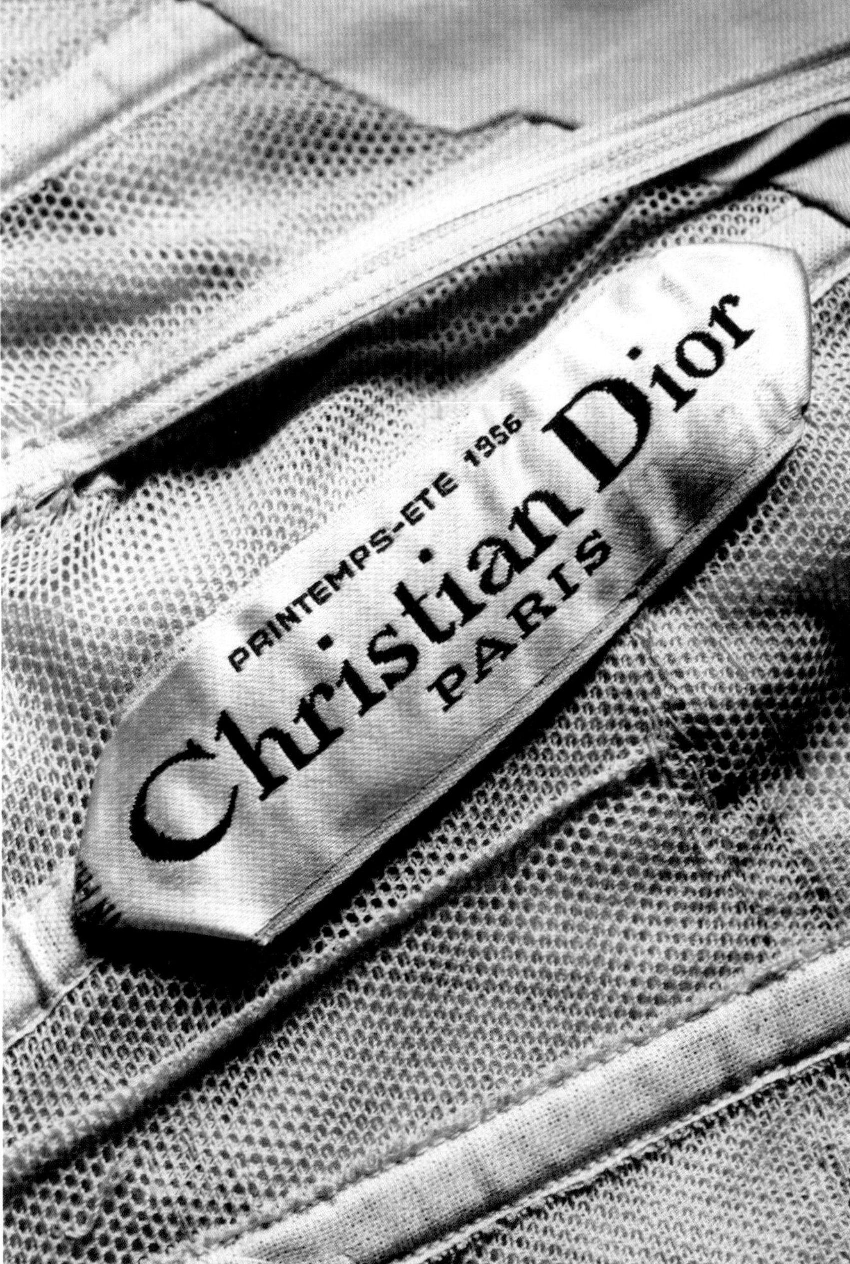
PRINTEMPS-ETE 1956
Christian Dior
PARIS

Jackets 外套

外套所展现的明快迪奥为这件箱型夹克衫选择了鲜红色，以此来搭配图中展示的裙子和帽子。

箱式带斗篷厚外套的作用和套装一样重要，特别是对那些身材略显丰满的女性来说，它甚至可以代替套装。它可以掩盖住所有身材的缺陷，且优雅得体，我很喜欢。

这种衣服穿的时候一定要搭配旗袍裙；有时候搭配百褶裙也很不错，但这种穿着方式不容易掌握，所以我在此并不建议。

箱式带斗篷厚外套穿起来也十分方便，既可以在里面搭配旗袍裙和套衫，也可以搭配羊毛衣服起到额外的保暖作用，甚至可以穿在套装外面。

因为外套本来就是衣橱里面一件“额外”的衣服，尽可能选择明快鲜亮的颜色，诸如鲜红、紫红、品蓝、翠绿，根据你的个人品味来选择就好。

J

Jewelry 珠宝

真正的珠宝是奢华的最高境界。我在选择珠宝时，看重的是品质，而非大小。把一颗硕大的钻石戴在手上只能说明你有钱，而且——这和优雅无关。

在我看来，珠宝的品质、设计、巧夺天工的制作工艺，要比尺寸大小重要无数倍。

在上个世纪，曾出现过一批顶级珠宝首饰，它们用黄金和珐琅制作而成，和所谓世界上最大的宝石比起来，它们更漂亮，因为那是艺术品，是设计。

如果你无法拥有太多真正的珠宝，人造的珠宝首饰也大有用处。想给你的整体服装创造一个闪光点，那就选它们吧。相比之下，人造珠宝和真正的珠宝是有很大差别的，千万不能把这两种弄混，也不要让它们一起出现在身上。

用琥珀色宝石制作而成的胸针、项链、耳环三件套，玲珑可爱。

一般来说，我在珠宝使用上的原则就是，一定要物尽其用。比如，一条镶满了莱茵石（一种透明无色的钻石仿制品）的项链搭配一件低胸晚装会很迷人，下午的时候搭配一件精致的黑色羊毛衫也很不错。

近些年来，有厚重镀金的珠宝首饰也开始流行起来。它会给你的服装增添明亮华美的感觉。一般来说，珠宝的使用是关乎个人品味、家庭环境、社会背景的问题，你必须充分发挥你的判断鉴别能力。举个例子，多串珍珠组成的首饰有时候确实很迷人，但如果你去购物的时候戴着它，就很滑稽了。

在时尚圈里，品味好坏永远比金钱多少重要得多。就拿胸针来说，有的人永远只会把它们别在同一个地方——衣领。而有些时尚触觉敏锐的女士，则会用同样一枚胸针，把一条彩色的雪纺围巾别在口袋上，为整套着装增加一抹亮色。

图中的晚宴项链用墨黑色宝石镶嵌而成，璀璨闪耀、分量十足，和黑色衣裙搭配尤其好看。

迪奥设计的这款用深绿色宝石制作而成的项链，简洁利落，适合日常佩戴。

图中这款用杂色珠子串制而成的两绞股项链，无论白天还是晚间佩戴都很合适。

Key to Good Dressing 穿好衣服的秘诀

如何才能穿得漂亮，图中这套迪奥的套装就为我们很好地诠释了其中的关键所在。简单的黑色套装，搭配鲜红色的手套、皮手筒、帽子以及丝巾。

秘诀就是，没有秘诀。

如果真有什么诀窍的话，那问题就变得简单多了，有钱人大可以把这个秘诀买下来，所有时尚方面的问题都可以迎刃而解了。

但是，以简胜繁、得体修饰、好品味，这三条基本的时尚要素，千金难买。

不过，这些都是可以慢慢学会的，无论你是贫穷还是富有。

Knitwear 针织衫

在 20 世纪，针织衫是作为高级女装出现的。直到现在，针织衫仍然是优雅的代表，会永远流行下去。

如果某种东西是纯手工制品，在我看来是非常贴心且满足的事情，针织衫就是如此。能将一件衣物编制得如此美丽，是伟大的艺术。一件用上好羊毛编制而成的漂亮衣服，是可以媲美一幅名画的杰出艺术品，而且它更加实用。

能把一团团毛线变成一件漂亮的衣裙，真是了不起的成就啊！

无论在乡村还是城市，针织紧身衣都是我喜欢的，任何颜色都好看。但是黑色的、用最柔软的羊毛织成的紧身衣（看见了吧，好质地永远是最重要的），大概是女人衣橱里最有用的单品了。

设计得稀奇古怪的针织衫你一定不想要，只要针脚能够规整完美就已经足够了。我个人认为，既然这种简单经典的款式能够历经多年仍不过时，你大概也无法再做什么改变了吧。

请记住一条，如果是长袖紧身针织衫，和其它长袖衣服一样，别让袖子的长度超过腕骨。近些年来，针织服装的生产规模日益扩大，随时随地都可以买到。精致优雅的款式适合参加鸡尾酒会，厚重一点的可以运动时穿。

简约就是秘诀

图中的船型高跟鞋来自迪奥，简约经典款。

[L]

Lace 蕾丝

蕾丝最初是一种美丽而昂贵的纯手工制作的装饰，而现在机械化生产让蕾丝成为了每个女人都可以轻易拥有的东西。

我喜欢镶着蕾丝的晚礼服、鸡尾酒礼服和衬衫。其实我并不很喜欢衣服上的装饰品，很容易有过时的感觉。一件有着小小蕾丝领子的黑色上衣固然很漂亮，但挑选时必须眼光独到精准才行——如果你不想让自己看上去像小公子特洛男爵一样。

聚会的时候，蕾丝衬衫外搭一件黑色外套或是一条伞裙，会有非常迷人的效果。但蕾丝作为一种昂贵而精致的材料，只能用在简单款式的衣服上。当一种布料本身就已经很华丽时，只有简约的设计才能凸显出它最好的效果。

挑选晚礼服的标准也是这样，务必选择最简约的款式，任何复杂的褶皱或者复杂的剪裁都不要。

Leopard 豹纹装

L

很久以来，豹纹装都被认为是一种适合户外运动的皮草。在我看来，豹纹用在花哨的大衣上，或是晚间穿着（和白天一样好看），效果都不错。

野性性感与运动服的惊艳结合

图中的这件豹纹运动衫来自迪奥。

如果想把豹纹穿出味道，必须有十足的女人味，带一点风尘世故的感觉才好。如果你走的是甜美可人的路线，那还是放弃豹纹吧。

Linen 亚麻

尽管纯棉面料来势汹汹，我仍然认为亚麻是最适合夏天的。亚麻不仅穿起来很凉爽，其精致程度也丝毫不逊色于羊毛或真丝。

亚麻材质的布料赋予了自身颜色一种微妙的感觉，这是其他材质的布料所不具备的特点。除了好看，亚麻还是一种穿起来十分方便的面料，耐磨且易打理。

如果剪裁得当，就像毛呢一样，亚麻会很适合制作套装、连衣裙、春夏季上装。

没什么比一套亚麻的深色或黑色套装更合适盛夏的城市了；如果在乡下，可以选择的颜色就更多了。

Lingerie 内衣

关于内衣，我要说的和衬里一样——选最好的面料。内衣款式必须非常优雅，这并不是说要有绣花或者全部都是蕾丝什么的，但剪裁一定要好，同时还要

选择优质的面料。

我们母亲那辈人在购买内衣的时候总是毫不吝惜，我认为她们这么做没错。真正的高雅是要无所不在的，这特别表现在这种不会呈现于外的细节上面。

选购好的内衣也会带来心理暗示的作用。就算你的外衣再华丽，如果没有能和外衣品质相媲美的内衣，你也会觉得心里别扭。

除此之外，如果内衣剪裁不能完美贴合你的身体，也会影响外衣的穿着效果。好内衣是好着装的基础。

Linings 衬里

加衬里，是现代制衣方式中非常重要的一个环节。里面有时候比外在更加重要！

对于一身好的套装来说，制作它的面料可不仅仅是你看见的那些，你看不到的其实更多，它的版型就是靠衬里支撑的。现在大部分衣服都是这样做成的。

确切地说，衬里对于外套或夹克来说非常重要。如果你穿的衬衣或外套的衬里非常合适，会让你显得格外优雅。

廉价衬里万万要不得，那其实是假省钱。一般来说，那些看不见的部分，或是外露不多的部分的质量，应该和呈现于外的一样好，或者更好。

Materials 布料

想要做衣服，挑选面料是头等大事。对设计师来说，选出最合适的面料来表达自己的创意，难如登天。

有时候，为了做一条小黑裙，我们必须要去比较二三十种不同质地的黑色羊毛面料。如果你打算自己动手做衣服，也请留意。

除了要确定面料的颜色是否合适之外（在自然光和灯光下看着都合适才行），还要对它的重量、质地一清二楚，只有这样你才能判断它是否符合你头脑中的那个设计图。

左：羊毛——厚实而柔软，迪奥为这件大衣选择了浅桃红色的羊毛面料。

右：粗花呢是这身灰色套装的理想面料，搭配黑色配饰，效果出众。

VOGUE
Country weekend wardrobe
Young career clothes
Travel in the sun
Beauty for new fashions
JANUARY 1954 · PRICE 3/6

不要认为一个设计可以随便用任何面料来实现。一个错误的选择有可能会毁掉一个最棒的设计。这也是为什么当你想照着一件样衣去做衣服的时候，如果对自己的品味没有把握，就尽量选择和原版相近面料的原因。你大可放心，设计师在选择之前一定经过了深思熟虑。把设计师现成的经验借鉴过来，对你来说是明智的选择。

一般说来，如果衣服设计本身已经很繁复了，选择的面料就应该是简单朴素的。如果面料给人的感觉是奢侈华丽，那设计就应该是简约的。

有些面料比较不好驾驭。而优质的编织羊毛、纯棉、亚麻、纯丝绸都是使用广泛的面料。

左：这件修身低胸黑色鸡尾酒会礼服，选择了丝绒面料，十分迷人。

右：绸缎质地的舞会礼服，简单至极的剪裁突显了面料的光滑闪烁。

如我之前所说，只有经验丰富的裁缝才能驾驭雪纺，丝绒亦是如此。

在所有平针织物里，真丝和羊毛是最易打褶的；而优质羊毛和厚亚麻面料很适合裁剪。

还有一点别忘记，选择面料的时候，小花型的面料适合身材娇小的女士；而身材高挑（但不胖）的女士适合醒目鲜艳的花型。在选择灰色法兰绒面料时也是如此，你要根据自己的体型来选择具体颜色，娇小体型的选择浅灰，略显丰腴的选择深灰。

Mink 貂皮

貂皮，是最美丽最优质的皮毛。在一些地方，貂皮大衣甚至是生活品质和社会地位的象征。没错，貂皮确实是一种绝佳的毛皮，但在选择的时候，我们看重的应该是质量而非价格。人们通常都认为浅色貂皮比深色的要好，但在我看来，和其他皮草一样，最衬自己肤色的才是最适合你的。

如果你发色较深，一般来说深色毛皮最适合你，反之亦然。

[N]

Net 网眼

简约与强调

迪奥为这件迷人的晚礼服选择了网眼布料，整体都是素白色，以黑色强调局部。

网眼布料是制作带有浪漫气息的晚礼服的理想材料，年轻女孩穿起来会格外好看，而它也适合成为你的第一件晚礼服。

在制作衣服的时候，网眼面料的消耗量非常大。一件网眼连衣裙最少也要有三层才能有丰满飘垂的效果。好在这种面料价格便宜，所以即使使用量这么大，也不算奢侈。

网眼面料的迷人之处在于它呈现出的那种轻盈透明的感觉。网眼连衣裙看起来永远都是那样活泼清新。网眼晚礼服裙最迷人的地方就在于它大大的、饱满的裙摆，为了搭配这个裙摆，你需要一件不同面料的款式简单的紧身上衣。

我之前说到做一件衣服要用到三层网眼布料，但这并不意味着这三层都必须是相同的颜色。有时候三种深浅不同的蓝色，或者白色搭配两种深浅不同的灰色，也很好看。如果你能静心搭配一下颜色，比如浅桃红色配蓝色，会看起来有些“小甜美”的感觉。

如果是一件皱巴巴的网眼衣服，真是太失礼了。网眼是一种非常容易熨烫的面料，没理由不时时刻刻保持得完美得体。

Neutral Shades 中性色

中性色彩适合很多人，也适合用在日常套装和礼服上。就我个人来说，我喜欢灰色，这种颜色适合大部分人。

和黑色一样，灰色也是一种非常方便的颜色，它和什么颜色搭配在一起都好看（灰色和白色、灰色和黄色、灰色和深红色）。如果你穿的是一身灰色套装或是一件灰色大衣，你可以选择任何喜欢的颜色来搭配它们。

如果想知道自己适合什么类型的灰色，有两种方法——根据你眼睛的颜色或身材来选择。如果你有一双蓝色、淡褐色或是浅灰色的眼睛，那么较浅的灰色适合你。如果你的眼睛是深灰色、棕色的，那么较深的灰色你穿起来最好看。

体型较小的人穿浅灰好看，身材丰腴的人更适合深灰。

米黄色也是一种很迷人的颜色，而且品味优雅，但和灰色比起来，米黄色更难驾驭一些，它对肤色的要求更高。如果你面色倦怠、气色不好的话，一定不要让米黄色出现在脸部附近。和灰色一样，米黄色也有深浅之分，选择标准也和灰色一样，身材越娇小，颜色越浅；身材越魁梧，颜色越深。

Nonsense 瞎胡闹

在时尚圈里，大草帽配雨衣是瞎胡闹，雨衣配晚礼服是瞎胡闹，拷花皮鞋配酒会礼服是瞎胡闹，高跟鞋配休闲裤是瞎胡闹，过了三月份还穿天鹅绒是瞎胡闹，花呢衣服镶蕾丝边是瞎胡闹……说到时尚圈里的瞎胡闹，我能写出整整一本书来。

图中这条丝巾的设计，虽然荒谬但很美丽。透明的白色丝巾上凸绣着盛开的精致玫瑰。

现在很多女人都忘记了一点，哪怕最前卫的时尚，也应该在一定程度上是合理的。好的时尚品味是自然而然发展而成的，是符合人之常情的。

我不喜欢那种耍小聪明、小伎俩的所谓时尚——不过是哗众取宠的设计，纯粹是为了吸引眼球而已，毫无优雅可言。

Nylon 尼龙

我自己从来不做尼龙质地的衣服。我觉得人们应该先好好研究一下这种布料，然后才能拿它去制作衣服——除了运动服和沙滩服之外。

但我也知道尼龙面料十分适合做睡衣，而且如果站在易于洗熨的角度上来说，我倒是欣赏尼龙在这方面的实用性。

[O]

Occasions 场合

通常来说，人们会觉得不要过分打扮才好，但在我看来，有些场合如果穿着得太随便也是非常无礼的行为。

如果你是某个场合的主角，一定要在穿着上与众不同。

在婚礼这种隆重的场合，无论你是伴娘还是新娘，都要以最美好的姿态示人。图中这件伴娘礼服来自迪奥，一件极其简单却无比迷人的白色连衣裙。手捧花是白色百合，镶嵌着宝石的小帽子服帖地戴在头上。

你想象一下，婚礼的新娘能穿着一身灰色套装就出来吗？对伴娘来说，也一定要盛装出席，既要保证风头不要压过新娘，又必须是给予新娘合适的补充衬托。又比如在加冕典礼上，受到加冕的人必须穿得隆重而正式——看看那些长袍和头饰，实在是美极了。

现在，一件衣服的用途变得越来越多。出席一些夜间场合的时候，你没有任何理由穿得不合时宜，哪怕你是刚从办公室赶过来的。

现在有那种上衣可以脱卸的小裙子，只要搭配合适的帽子，就能让你一整天轻松应对各种场合。

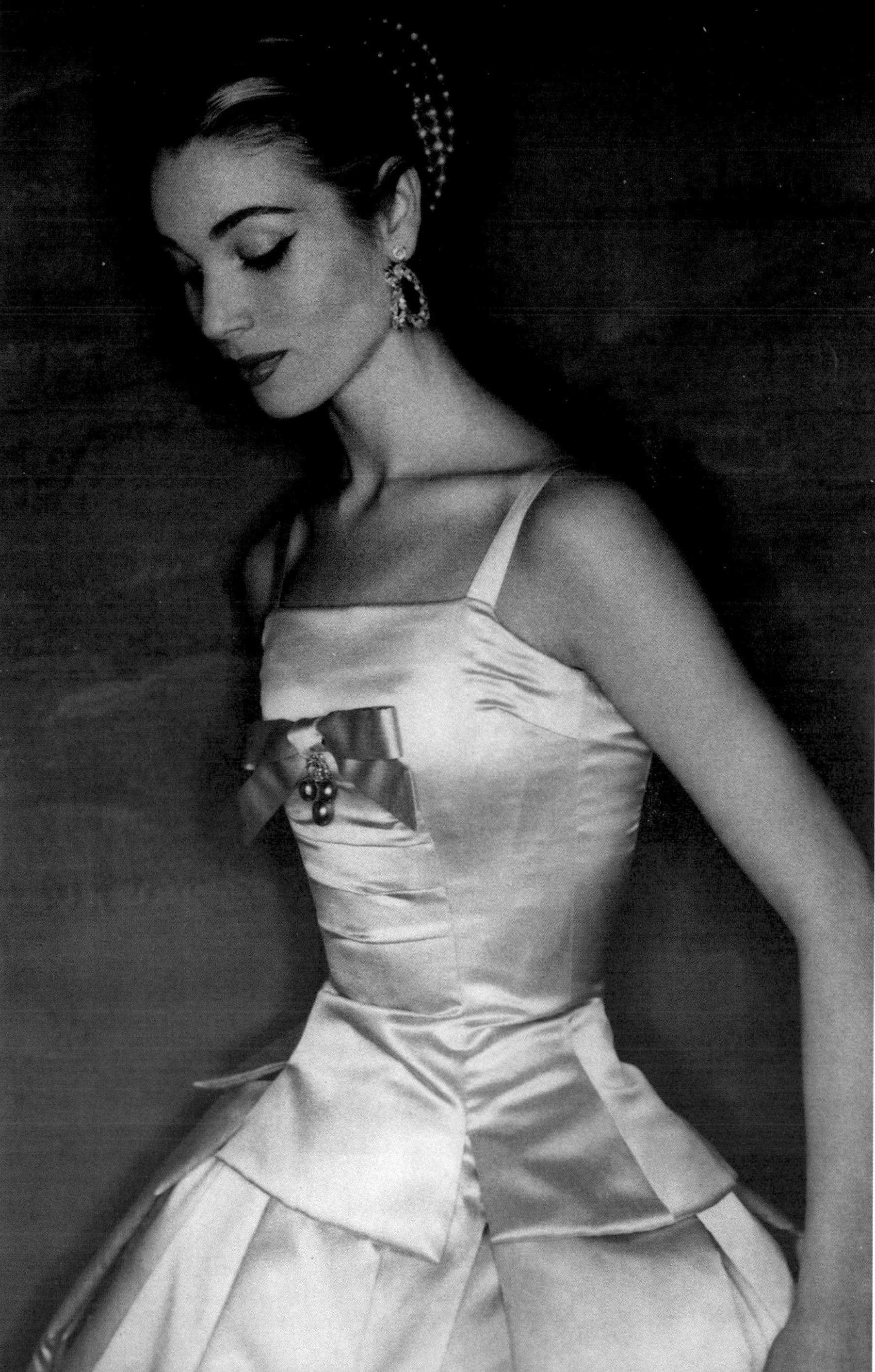

Older Women 老女人

我曾经说过，现在已经没有什么老女人了，有的只是相比之下显老的女人。当女人过了某一个年龄阶段，或是身材增加到了某个尺码，就请忘记那些小女孩的潮流时尚——太长的头发，太可爱的衣服款式。但也并不意味着你就要整日与黑灰棕为伍。

我认识很多高雅的女士，她们在夏天或者夜晚的时候会穿粉色、浅蓝、白色之类的浅色，也格外迷人。

除了要避免孩子气的衣服款式，也不要选择紫色这样太老气的颜色或锦缎这样太老气的布料，还有某些灰色黑色的蕾丝。

灰白色的头发最是好看。待到一个女人两鬓斑白的时候，岁月赋予了她迷人的高贵气质和十足的女性魅力。这个时候的女士，最好选择线条柔美优雅的服装，不要太过矫揉造作或是太过中性。

O

Ornaments 装饰品

在我们现在生活的时代里，装饰品有时候已经沦为了不必要的累赘——无论是在衣服还是家具方面。任何东西的存在如果没有一个合理的原因，它的存在就是不必要的。我们喜欢的是合情合理的干净纯粹，任何破坏它的东西都是错误的。

如果一个装饰品不能作为一件衣服的组成部分而存在，对于这件衣服来说，它毫无用处；如果一件衣服的基本剪裁线条都不对的话，无论用多少装饰去点缀它，也于事无补。

如果想在衣服上添加一些“零零碎碎”的东西，要格外小心——这些东西几乎没什么用。如果你对一件衣服不能做到“一见钟情”，别买！

[P]

Padding 填塞物

有时候为了适应时尚的需要，我们需要在衣服里加入一些填塞物，去强调或者修正某些部位。很多年来，西服垫肩一直被认为是必须要加的，但现在流行的是自然路线，垫肩也就渐渐变得不再那么重要了，只有你的肩膀溜得太厉害的时候才需要。

在修正一些设计上的小毛病时，填塞物还是很有用的，但这个只有经验丰富的裁缝才做得来。

Perfume 香水

最迷人的一款香水莫过于“迪奥小姐”。

自从人类进入文明社会以来，香水就一直为人们广泛使用，并且在散发女性魅力方面扮演着至关重要的角色。

在我小时候，那时的女性和现在比起来，使用香水更多，我很欣赏这点，也为现在的女士不再慷慨地“滥用”香水感到惋惜。

香水，和你的衣服一样，是个性的一种表达。心情不同，使用的香水也会不同。

我认为，把衣服穿得漂亮很重要，把香水用得迷人也很重要。不要认为香水只

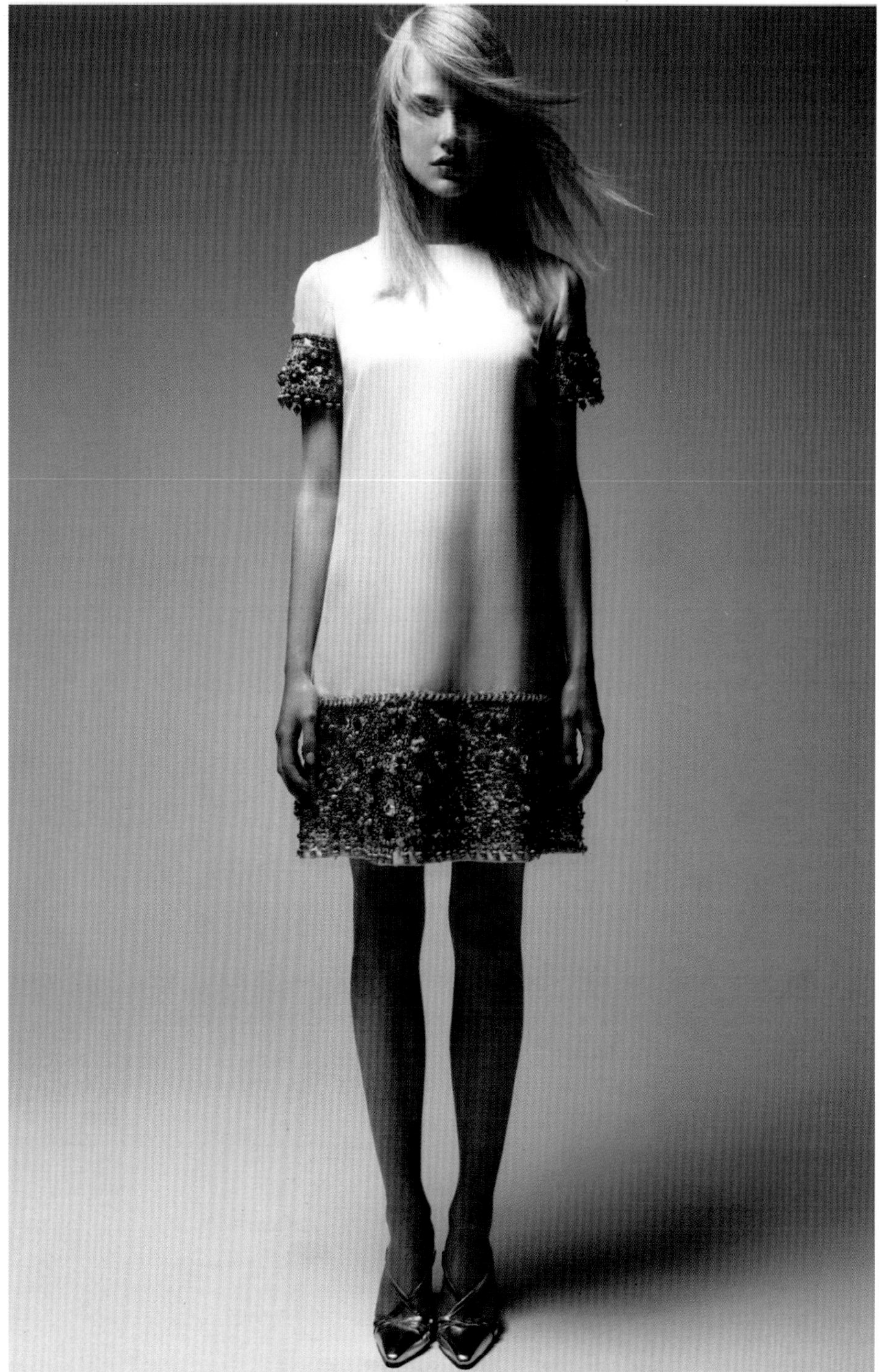

需要用在自己身上，家里都可以喷一喷，特别是你的闺房，需要香氛四溢。

Persian lamb 波斯羔羊皮

波斯羔羊皮永远都那么时尚。我还是个小男孩的时候，就在很多不同场合见过它，它看起来年轻漂亮。因为波斯羔羊皮本身就已经有一种小小的华丽感，所以一定要是简单而非繁复的款式。

我也喜欢它用在套装或大衣的装饰用料上，看上去高雅极了。

Petticoats 衬裙

对礼服来说，衬裙很重要。如果一件本应该配衬裙的裙子没有衬裙，真是糟糕透顶——你会看到一块布料可怜兮兮地挂在身上。

挺直的衬裙会让裙子看上去迷人优雅、能完美勾勒出女性优雅轮廓，它是裙子的一部分。

如果你给自己做了一件新衣服，它需要衬裙来表现得更加丰满，衬裙会让衣服显得特别出众——最好不要偷懒，因为衣服的其他部分起不到这种效果。

Pink 粉红色

粉色在晚装上的运用

粉色用在晚礼服上很漂亮。图中的礼服来自迪奥，蜜粉色丝绸面料，以绳绒刺绣点缀而成。

粉红色，是最最甜美的颜色。每个女人的衣橱里都应该有一件粉红色的衣服，它是能带来快乐和女人味的颜色。

我喜欢粉红色的衬衫和围巾。我喜欢看小女孩穿粉红色的裙子。粉红色的大衣和套装很迷人，粉红色的晚礼服更是棒极了。

Piping 滚边

如果你在布料上剪了一个口子（比如扣眼），滚边是一种必需的装饰手段。我偏爱有滚边扣眼的女装，这种装饰方法也会用在男装上。

滚边的另一种作用是为了强调衣服线条，这是一种非常有效的做法，特别是用在公主线上，效果极其明显。

镶边时，既可以用和衣服相同的布料，也可以用颜色和材质上产生强烈对比效果的布料。

Pique 单珠地

单珠地，是一种漂亮的棉质布料。很久以来，人们使用这种把这种材料用在装饰上面，而现在，人们更多的用它来做衣服，特别是最近几年，这种布料得到了很好的改良，非常适合用作套装或是外衣。

但单珠地这种材质仍然非常适合用作装饰布料——比如领子、袖口、镶边等等。

Pleats 褶裥

很多年以来，而且未来也将如此，褶裥在时尚中一直居于至高的位置。我之所以喜欢褶裥，是因为它

P

图中两条迪奥的裙装使用了两种不同的打褶工艺。棕色那件使用的是太阳褶，另一条印花长裙外面的罩裙使用的则是柔软的未熨褶裥。

们能够体现出娇媚、活力和动态之美。它带来的那种简约的味道是我尤为欣赏的。

褶裥是属于年轻人的。有了褶裥，你无需在衣服上添加任何零零碎碎的装饰，就能让这件衣服看起来圆满充实。褶裥能让人显得苗条，几乎适合任何女性。

褶裥还是万能的——箱形褶裥、手风琴式褶裥、倒褶裥、射线型褶裥，各有各的用处。

Pockets 口袋

口袋，首先是服装中有重要作用的一部分，但现在也越来越多地作为装饰或是调整衣服轮廓的一种方式出现。

在凸显胸部和臀部线条方面，口袋是一种非常方便的方法。两个直袋在收缩胸部和臀部的视觉效果方面，起到了至关重要的作用。

P

迪奥为这套剪裁讲究的羊毛套装选择了简洁利落的狭缝式明袋。

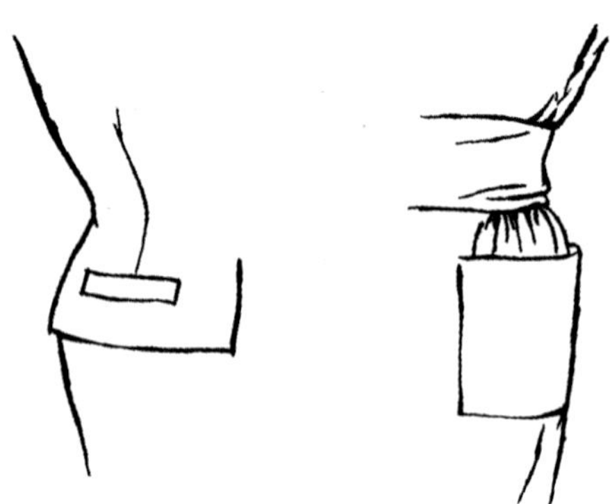

有了口袋，你可以很容易地为衣服搭配一些喜欢的好看颜色，或把手帕、轻薄布料塞到口袋里去。

还有一点，当你觉得尴尬或是手足无措的时候，口袋总能派上大用场。

Princess Line 公主线

公主线，因为它修长的线条，能让胖人显瘦，矮人显高。有如此效果，也难怪它会大为流行。

Purple 紫色

紫色，是色彩之王，但使用的时候要慎之又慎，因为紫色不是看上去显得年轻的颜色，而且会略显沉重。如果是年轻女孩，穿一件紫色羊毛大衣或是紫色天鹅绒连衣裙，会美丽绝伦。

紫色是一种很挑肤色的颜色。通常，肤色黝黑或特别白皙的人穿上才会好看。紫色也是一种危险的颜色，不仅使用起来不是很方便，而且很容易让人觉得厌倦。

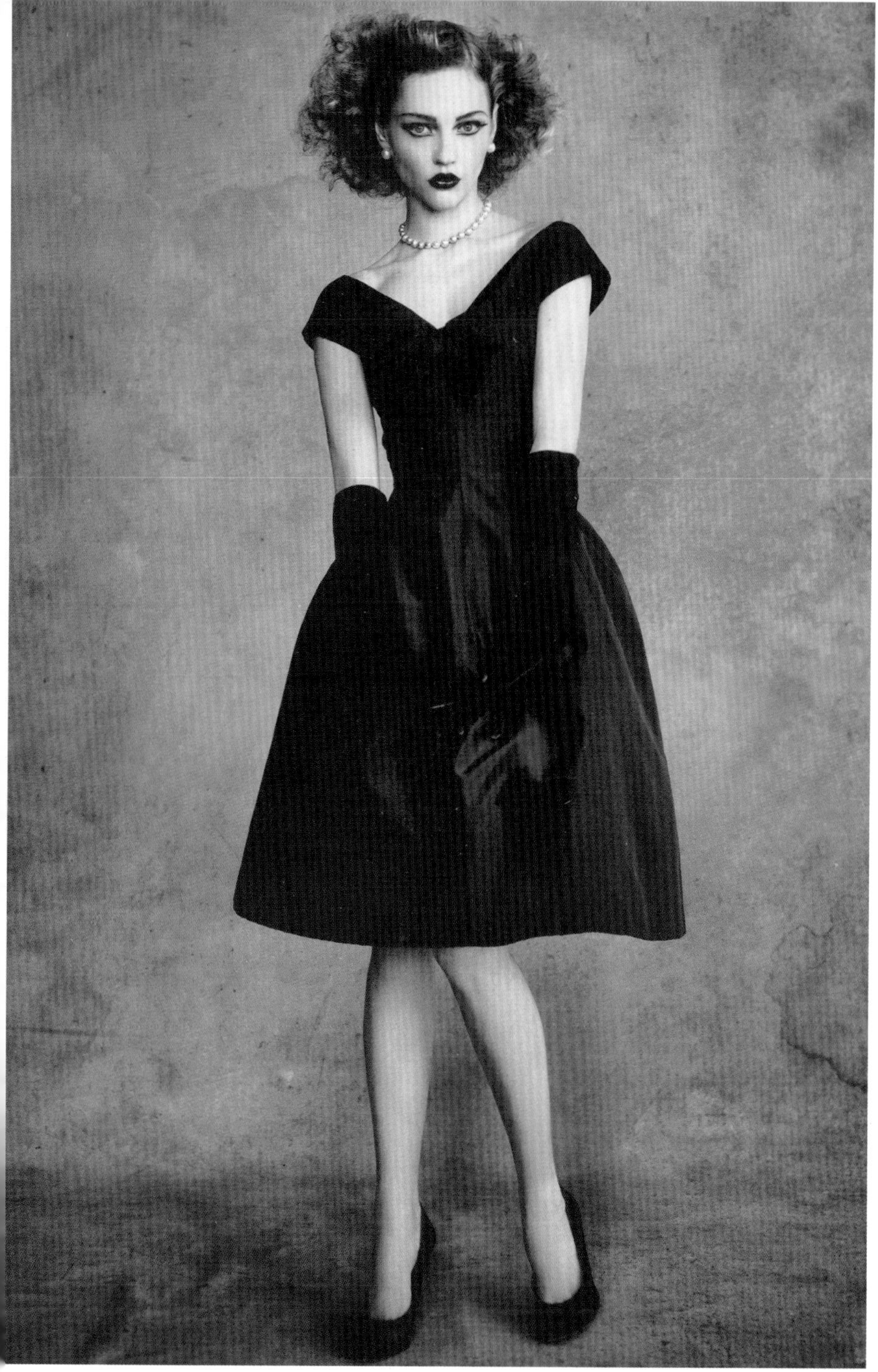

[Q]

Quality 品质 / 180

Quilting 绗缝 / 180

8121

Quality 品质

高雅气质的关键是衣服的品质。在我看来，质量永远比数量重要。

无论是做衣服还是买衣服，永远要选择你能负担得起的最好材质。一件好品质的衣服永远比两件便宜货值得入手。

好品质的材质并不意味着奢侈浪费，它们能穿很多年。无论是用在手套或是鞋子的皮革，还是用在帽子的毛毡，或是衣服的布料，一定要选择在你购买能力范围内最好的材质，这是物有所值的选择。

Quilting 绗缝

Q

绗缝这种工艺可以为冬天的大衣带来好看的衬里。如果你愿意，你还可以使用对比强烈的颜色，比如深色大衣可以使用大红或是蓝色的绗缝来搭配其他衣服，很好看。

如果把绗缝当成一种装饰会显得廉价。并且对于身材丰满的人来说，无论什么样的绗缝都是很危险的。

最近几年，衲缝裙子开始流行起来，十几岁的女孩穿上尤其好看。但如果你追求的是真正优雅的服装，我不建议穿这种裙子。

[R]

Rainwear 雨衣

像所有实用的东西一样，具有最简单且必须的线条的雨衣是最好的。很多年来，制作雨衣的材料都是单调枯燥的，但现在有了很多漂亮的防水面料，所以几乎可以用任何材料来制作雨衣。

即便如此，我们对待雨衣的方式也不能和普通衣服一样，因为它的主要功能毕竟还是挡雨，对于雨衣来说，最重要的是领口边缘要严实，袖子务必不能过于宽松。

R

Rayon 人造丝

现在，人造丝布料开始发挥其自身的优势，而不再仅仅作为其他材料的仿制品出现。在我看来，人造丝挺好，有些面料只能用人造丝才能做出来，比如某些绸缎。但如果人造丝被看作替代品，比如真丝的替代品，当然它只能是“第二好的”。

Red 红色

红色，是一种活力四射的颜色，是生命的颜色。我喜欢红色，在我看来，红色适合任何肤色、任何场合。

大红、猩红、邮筒红、深红、樱桃红，这些颜色又鲜艳又活泼；而略微偏暗一些的红色则适合稍微上了年纪而且不那么苗条的女士。

每个人都能找到适合自己的红色。如果你不想要

左：红色为这件迪奥的晚礼服和披肩增添了几分戏剧化的效果。

右：这件剪裁利落的迪奥羊毛红色套装，散发着一丝丝火辣的味道。

一整套红色的套装，那么可以选择一些红色的配饰，比如红色帽子搭配全黑或灰色套装就很好看，红色重磅真丝领巾配淡黄色连衣裙很亮眼，甚至一把红色雨伞配灰色外套效果都会很不错。

冬天的时候，我格外偏爱红色大衣，因为这会让人感觉温暖。如果你大部分连衣裙或套装都是中性色，一件红色外套会和这些衣服搭配出很好的效果。

Ribbon 丝带

小巧的丝带蝴蝶结最是讨人喜欢，也是最有女人味的装饰品之一，几乎所有女装上都可以找到它的身影。

蝴蝶结无论材质、无论大小都好看，而且系腰带或是领口抽绳的时候，打个蝴蝶结，是最美丽的方式。

系蝴蝶结无疑是个技术活。如果用的是有折痕的丝带，肯定系不好。

除了系蝴蝶结之外，丝带也是一种很有用的装饰品，不仅可以用在帽子上，还可以用来装饰袖子、袖口、上衣、开衫、领子、腰带等。

[S]

Sable 貂皮

貂皮，是皮草中的女王。最美丽、最昂贵、魅力四射。我爱貂皮。

Satin 绸缎

绸缎，是最具魅力的布料，同时也是最适合制作晚礼服的材质。在绸缎中，你总会找到最美丽的颜色。人造丝绸缎和真丝绸缎虽然质地不同（人造丝绸缎质地略硬，而真丝的垂坠感更好），但只要使用恰当，都会很好看。

Scarves 围巾

围巾是整个造型的点睛之笔。

通常情况下，只有等到我们系好围巾后，才算装扮完毕。但若想知道最适合自己的围巾系法，肯定需要尝试很多次。这是非常私人的事情，也许某种方法适合这个人，却不适合那个人。

围巾之于女人，就像领带之于男人一样，它们的系法是个性的体现。

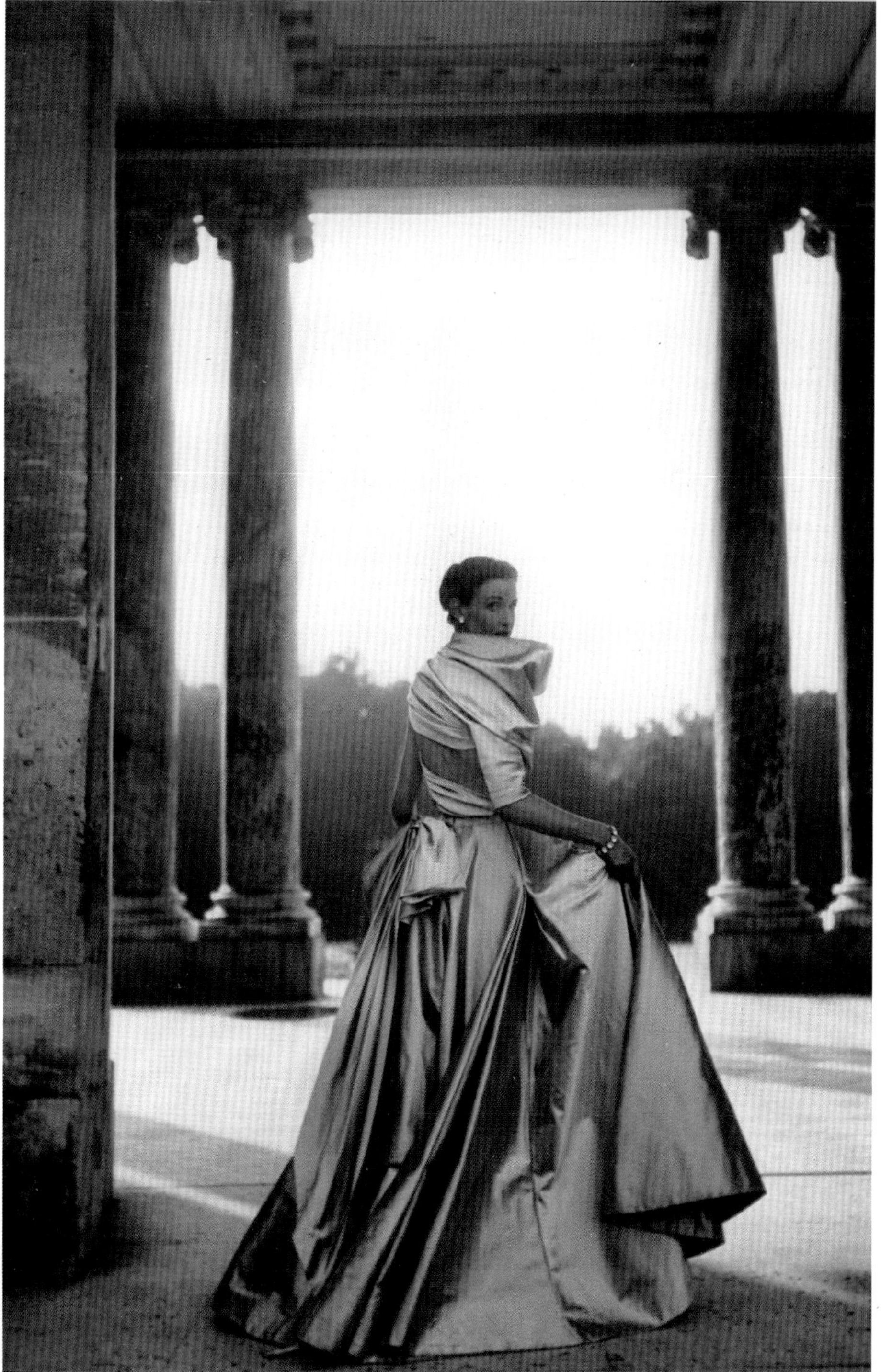

Seal 海豹皮

海豹皮，是一种很适合用做便服上衣的毛皮，特别适合年轻女孩。不过，千万不要把它和丝绸或其他比较讲究的服装搭配在一起穿着。

Seasons 季

活泼的夏季服装
图中的格子连衣裙来自迪奥。

在时尚的世界里，我们把一年分成三季，而非四季——秋冬为一季。而春夏与秋冬两季的不同之处有以下两点：首先，假期穿的衣服是不一样的；第二，春天时候，气温回暖，衣物的面料会比冬季轻薄。

真正适合购买或制作新衣服的季节，是春季和秋季。

Separates 单件衣服

我喜欢单件的衣服，漂亮、年轻、实用、鲜艳，它让那些囊中羞涩的女孩们也能穿出变化无穷的新鲜感觉。

夏季的单件衣服尤其好看，亚麻的、纯棉的、丝绸的、羊毛的都好。我自己的很多衣服也都是两件套，

穿搭起来更加方便。

你的上装和下装既可以是相同材质和颜色的，也可以是对比效果的，但无论如何，下装最好是一条用精致腰带勾勒出小蛮腰线条的伞裙。

到了晚上，这种单件衣服的穿搭方式显得有点过于休闲了，只适合在度假时穿着。

Shoes 鞋

S

挑选鞋子，再没什么比这更值得让你费心的了。很多女士会觉得鞋子是穿在下面的东西，无关紧要，但殊不知，想要判断一位女士是否真正优雅，就要先看她的双脚。

非常朴素的一双小牛皮船型高跟鞋，是日常裙装或套装的好搭档。

漂亮的鞋子不计其数，但要想和自己身上的衣服搭配协调，还要仔细挑选才行。不过，船形高跟鞋是百搭单品。

我不喜欢花里胡哨的鞋子，无论什么款式。不过如果是晚上，我倒不排斥鲜艳一点的鞋子。

适合下午穿着的牛皮船型高跟鞋，均来自迪奥精品店。

购买鞋子的时候，有两点很重要：第一，鞋子质地务必是优质皮革或者小羊皮；第二，鞋子的款式务必要简单、经典。黑色、棕色、白色或是海军蓝色是最好的选择（但白色的鞋子容易显得脚大）。

鞋跟的形状非常重要，如果不是在乡下或是运动

小羊皮船型高跟鞋是午后裙装和真丝套装的绝配。

真皮船型高跟鞋搭配套装或薄大衣非常迷人。

的时候，鞋跟最好不要太平，但也无需过高，那样会显得很俗气。无论如何，舒适感是最重要的。穿着不舒服的鞋子会影响你走路的体态，那样一来，再好看的衣服也没法被穿得好看。

如果你的脚有点大，不用想尽办法隐藏这个事实，只要找到能让脚看上去瘦一点的鞋子就好，瘦一点的脚总是好看的。

Shoulderline 肩线

这么多年来，衣服的肩线还都保持着自然的线条。就我个人来说，我不喜欢太过板直的肩线，总感觉少了一点女人味，有种咄咄逼人的气势。

当然，肩线的设计每年也会随着时尚潮流发生一点小小的变化，但如果你的腰身不是非常纤细的话，在肩部增加一点垫料还是很好看的，肩宽了，自然会显得腰细。

无论什么衣服，肩部合适是至关重要的一点。可以说，如果一身套装或外衣肩膀不合适，千万不要买！

Silk 丝绸

丝绸，堪称面料中的女王，是大自然鬼斧神工创造出的最美丽、最有女人味、最魅惑、最巧夺天工的作品。

丝绸材质的衣服，你能从清晨一直穿到午夜，还能从午夜一直穿到第二天起床。没什么比丝绸更适合做睡衣的了。

丝绸可以用作任何款式的衣服：定制的高级服装、女士衬衫、具有垂坠感的午后便服、鸡尾酒会礼服、舞会长袍等。

丝绸质地的套装，无论是印花还是素色，无论是经典的定制款，还是考究的日常套装，都很不错。

丝绸质地的外衣，无论是最近流行起来的宽松夏服，还是定制的重磅真丝合身外套，都很讨人喜欢。

丝绸做衬衣好看，做衬里好看，做睡衣好看——它是最美丽的布料。

Skirts 裙子

很少有人能够驾驭得了任何款式的裙子，除非是那些细腰窄臀的尤物。大部分女士只能选择最适合自己的裙子——伞裙或筒裙。一旦找到属于自己的那款

裙子，请保持下去。

裙子款式越简单，它的适合度就越高。如果一条旗袍裙笔挺得让人举步维艰，岂不是太可笑了。就像时尚中的其他东西一样，能让人穿着舒服的裙子才是好裙子。

伞裙需要很好的剪裁，那样腰部的线条才不会臃肿，这也是为什么喇叭裙比百褶裙更讨人喜欢的原因所在。如果裙子的臀部线条需要宽一些的话（有可能是为了强调腰部的纤细），用填充物比依靠面料的质感来达到目的效果会更好一些。

褶裙尤其漂亮，因为它既给伞裙增添了动感，同时又有笔挺的线条。

Stockings 长筒袜

长筒袜是袜中之王。当然，质量一定要好，这是常识。要找到一种适合自己肤色的颜色。记住，深色的显瘦。

白天和晚上，长筒袜的厚度是不一样的。晚上穿的袜子质量要更好，质地更轻薄。

Stoles 披肩

披肩的用处有两个：第一个用处是可以搭配低胸礼服来遮挡肩膀；第二个用处是，当你上街的时候，感觉穿得单薄了，一条披肩可以充当一件短外衣，街头风格马上就出来了。

如果你足够聪明，可以把披肩围得优雅大方，这绝对可以帮助你在举手投足间尽展高雅风韵。话说回来，没什么比一条松松垮垮地围在衣服上的披肩更难看了。如果你使用不好披肩，就干脆不用。

在面料和颜色选择上，披肩和衣服同样也可以是相同或相反的效果。晚上，网眼或透明硬纱材质的披肩显得女人味十足。当然，皮草披肩也是十分保暖且优雅的。

条纹通常看起来比较明快，尤其是黑白相间的斑马纹，迪奥用斑马纹布料设计了一件有趣的大袖筒蝙蝠衫。

Stripes 条纹

对于一些昂贵的面料来说，条纹图案是既好看又方便的设计，但真正运用起来却不简单，因为如果要穿条纹图案的衣服，就必须保证每个位置的条纹都能严丝合缝地对齐才可以。

竖条纹无疑非常显瘦，但因为需要考虑到褶皱或者身体的曲线问题，制作起来非常困难。横条纹很可

条纹严丝合缝对齐问题的完美解决方案

对齐问题在这套迪奥裙装上得到了完美的解决。迪奥把条纹只是用在了裙子和紧身上衣的边线部位，上衣是最朴素的黑色。

爱，但它会产生缩短视觉的效果，不适合体型丰满的女士。

我还要说一点：千万不要用条纹图案的布料去做实验品。如果你想做一件衣服，而这件衣服的版型不是为了条纹图案而专门设计的，那就不要用条纹图案的布料。

当然，条纹的宽窄要根据穿衣人的体型来选择，这是常识。瘦人适合细条纹，反之亦然。

S

Suit 西服

自从时间进入到 21 世纪以来，西服在女性衣橱里所占的位置越来越重要。现在，西服大概是你应该拥有的最重要的一类服装。

虽然女士西服是根据男士西服的版型改良而来的，但我并不喜欢那种做得太像男士西服的女士套装——太爷们儿了。不管是面料还是剪裁，男女总归要有所区别的。

你总能找到一款让你轻松应对全天各种场合的西服。从早到晚——但不是说特别为晚上的场合而准备的套装，我讨厌晚上也要穿套装。

在城市，白天选择光滑面料的深色套装最合适。如果你适合穿黑色，那就要黑色。要论优雅和实用，

任何衣服都比不过一件“黑色小西服”。

除了黑色，灰色和海军蓝是第二选择，深绿色再次之。

如果你过的是“双重生活”，往返于城市与乡村间，想选一套可以应付任何地点的套装，灰色西服对你来说再方便不过了。

如果你想做一套乡村风格的套装，最好的选择是用当地最有名的漂亮的花呢面料来制作。英国女人能把花呢服装穿得很好看，但她们总是倾向选择男性化的款式。花呢虽然不适合任何复杂的设计，但也无需把它们做成男士的款式。

图中这套迷人的经典“黑色小套装”来自迪奥伦敦公司，与之搭配的白色帽子出自设计师西蒙·米尔曼之手。

夏天，我喜欢亚麻面料的西服。深色的适合在城市穿着，而白色或者其他柔和的颜色则适合在乡村或者在海边。

和羊毛面料一样，亚麻剪裁好了会非常漂亮，用在简单经典的款式上会格外优雅。

午后时光，穿上一身真丝套装真是再迷人不过了，时下彩色的真丝面料尤其流行。在一些特别的场合，比如阿斯科特赛马会（英国伯克郡阿斯科特赛马场一年一度举行的赛马大会）、宫廷年度游园会或是夏天蜜月旅行的时候，我会建议准备一身真丝套装。

就我个人而言，我更偏爱修身款式的西服上衣，但如果你喜欢宽松的，那也无妨。

Taffeta 塔夫绸

塔夫绸，用作酒会礼服或是晚礼服面料时非常迷人。使用时，必须要舍得用料（比如做伞裙的时候），否则很容易显得单薄。

有时也可以用作衬衫面料，但效果会略显呆板，所以还是用在夜晚服装上为好。

T

Tartan 苏格兰方格

苏格兰方格大概是最神奇的一种面料了，它永远流行。一年四季各式各样的格子衣服层出不穷，看上去又年轻又轻松。

但是有时，也需要谨慎选择。苏格兰方格的传统用法当然是用作苏格兰裙。如果用在其他款式的衣服上面，多少会显得有些矫情。

普通格子图案则是另外一回事，任何颜色任何款式都适合。但归根到底，还是苏格兰方格最正宗，无论是颜色还是设计。

苏格兰方格在这条苏格兰长裙上得到了有效的运用。简单的男装衬衫款式，绿、黑、白三色格子。

Traveling 旅行

随着人们生活方式的变化，外出旅行的机会越来越多。人们开始频繁地乘坐飞机。和祖母那个需要用一个个大箱子来装衣服的时代比起来，我们的行李已经发生了翻天覆地的变化。

如果要出远门的话，那你需要带一些不占地方、不易起褶皱、分量轻的衣服。

出门旅行时穿的衣服，有两点最重要：一是舒服，二是不起褶。如果是冬天，最实用的莫过于经典款式的驼绒大衣搭配羊毛连衣裙；亚麻套装则适合夏天。

Trimming 装饰品

形形色色的小装饰固然很漂亮，但永远都不要用在衣服上面。对于一件衣服来说，剪裁永远是最重要的，过多的装饰只会画蛇添足。

无论什么样的装饰，都必须是为了成为衣服的一部分而设计出来的，这也是最重要的一点。而后来才装饰上去的那些零碎，往往会带来灾难性的后果。

V M

Tucks 缝褶

二战期间，缝褶被大量运用到女装上面。而现在设计师们的技巧则更注重制版和面料的选择。但对于女士衬衫或者绉纱、雪纺面料的衣服，特别是仿男款的女士衬衫来说，缝褶这种工艺仍然有着非凡的魅力。

T

Tweed 花呢

迪奥为这件裙子选择了深灰色花呢面料。白色薄纱的假领凸显了领部线条。

花呢，是整个英国最受欢迎的面料。其他国家虽然也跟风流行，但没人比英国人更能炉火纯青地运用花呢。

近年来，花呢的使用范围一再扩大，甚至被制作成了礼服，我觉得那一定优雅至极。如果去乡村，这样的衣服简直是“必需品”。

曾几何时，花呢面料都是以重量闻名的，但现在，你可以买到任何重量、任何材质、任何颜色的花呢。

[UV]

Umbrellas 雨伞

随着现代生活越来越便利，雨伞渐渐从一种生活必需品转变成了一种配饰。在大城市里，停车越来越难，而雨伞的作用也越来越大。

想要打造优雅得体的形象，雨伞切不可过分花哨，材质上以竹子、皮革、木制的为佳，而且必须可以和身上其他的配饰（手包、手套之类的）和谐搭配。

一把雨伞搭配多个伞套不失为一个好主意。无论什么样的衣服，一把伞足矣。

Underskirts 衬裙

制作修身衬裙最理想的面料是中国绉纱，显瘦且柔软。蓬松的裙子适合搭配网眼衬裙，走路时会若隐若现地露出点点衬裙，格外曼妙。

衬裙是女人味十足的衣服，选择的时候要和正装一样用心才好，无论是颜色还是面料，都要细心挑选。

衬裙的剪裁至关重要，会直接影响到外衣呈现出来的线条。

Variety 多样化

天天穿新衣服，永远有新形象，这是每个女人的梦想。但是，从荷包上来说这个梦想很难实现，而且我觉得也并不美好。

如果你觉得一位女士穿某件衣服很好看，再看见她穿这件衣服时，看着也应该会很舒服吧。

你如果特别喜欢一条裙子，为什么不能经常穿穿呢？衣服不在于多，而在于精。但是像打底衫、手套、配饰或是珠宝什么的，种类不妨丰富多彩一点。

Veils 面纱

面纱，是一种讨喜却不会带来年轻感的配饰。佩戴的时候需要特别留意——它适合女人，而非女孩。

样式上来说，面纱应该越简单越好。我不喜欢太过华丽的面纱。有一些圆点图案的不错，或者索性就是素色的，并且不可过厚。

丝绒运用在高级时装定制上会显得魅力四射。比如这件亮柠檬黄色的宽松式大衣，浅色丝绒面料非常少见，十分好看——只是略显奢华。

颜色选择上，最好能和你的发色保持一致，即使是搭配黑色帽子。颜色鲜艳的面纱很难带来魅惑的感觉，慎用。

Velvet 天鹅绒

没有什么面料比天鹅绒更讨人喜欢了。哪怕只是一点丝绒质地的装饰或者领子，都能彻底改变一件衣服的味道。无论春夏秋冬（不仅仅是在冬天），我都喜欢天鹅绒的饰物，即使和亚麻、蝉翼纱搭配在一起也都很好看。

丝绒面料最适合贴身穿着。天鹅绒裙子和外套也很漂亮，但由于丝绒属于典型的冬季面料，如果过了三月份第一周，就不适合再穿了。

黑色丝绒尤其显瘦，其他颜色驾驭起来会稍显困难，但是所有深宝石色都很迷人。浅色丝绒面料市面上很难见到，而且因为不禁脏，所以不易打理，虽然好看，却略显奢华。

丝绒晚礼服很美丽，但要小心选择，因为容易有年龄感。就我个人而言，我喜欢黑色丝绒小礼服，也许可以搭配白色的领子，这样既甜蜜又有女人味，适合任何年级的女士。

Velveteen 棉绒

棉绒是做夹克最好的面料。图中这件棉绒夹克来自迪奥，配上拉链，显得优雅整洁。

我喜欢棉绒面料，但仅限于用在宽松的外套或夹克上。剪裁好棉绒实在太困难了。如果是修身的套装、外套或裙装，除非你很苗条，否则尽量避免使用这种面料，因为会显胖。

棉绒还可以做成华丽高贵的披肩，松散慵懒地搭在肩头，优雅地垂坠而下。

Waistcoats 马甲

W

如果穿套装不想搭配衬衫，马甲是个绝好的替代品，既方便又好看。和围巾一样，内搭马甲在一身套装中能起到锦上添花的作用，看起来更加利索，解开上衣扣子也无妨。

一套平淡沉闷的黑色套装，马甲能给它带来一抹亮色。格子马甲看上去让人心情愉快，真丝或者羊毛质地的都不错。

Waistline 腰身

腰身，是制衣的关键，它决定着一条裙子或一件外套的整体比例。纤细的腰身能将女性的身体曲线衬托得风情万种，这是每个女人梦寐以求的事情。

随着时尚风向的转变，女装腰身位置也曾发生过变化。但我始终认为，最自然的位置才是最好的地方。

如果你的腰线过长或过短，应该尽量修饰一下，这是为了让上半身和腿部的比例看上去更完美。腰线可以用腰带、褶皱或纽扣来强调，你需要做的就是找到适合自己的腰线位置，让自己的身材比例看起来更匀称。挑选衣服的时候也要时刻牢记这一点。

如果你的腰线短，那就尽量避免宽腰带或者紧身

上衣。领口太宽的衣服也不适合你，你穿深 V 领的会更好看。

如果你的腰线长，那恰好相反，宽领上衣、宽腰带、大领子都好。在强调腰线方面，腰带永远是好用的单品。但要注意一点，一定要选择适合自己的腰带，再没什么比一条垂下来耷拉着的腰带更糟糕的了。

The Way You Walk 走路方式

你需要培养优雅的体态

走路方式可以衬托亦可以毁掉你的衣服。

早些年间，女孩们都是需要去学习走路仪态的，我至今仍深以为然。现在有太多女性都应该回到学校去重新学学如何走路，这简直太重要了。

很多女性之所以引人注目，并非因为她有多么漂亮，而是因为她周身散发的迷人魅力。而这魅力的唯一来源就是她们的走路方式。如何走得既高雅又不失轻盈，绝非易事。

有些人天生走路就能仪态万千，但如果你不是天赋异禀，还是需要后天好好学习的。穿的光鲜亮丽，走起路来懒懒散散，坐下时像块皱巴巴的破抹布，岂不是很可笑。

Weddings 婚礼

如果你需要在别人的婚礼上担任辅助角色的话，当然应该花点心思好好打扮一下。但这并不代表你需要全身上下都装饰上羽毛，甚至抢了新娘的风头。

首先要考虑的就是环境，要根据婚礼举行的地点（是在城市、乡村、还是其他地方）来选择着装。

材质方面，我觉得真丝和优质羊毛面料最合适，锦缎太过精细，尽量不要选择。至于款式，就如我之前一直在说的，我建议选择简单的款式，通过配饰来显得与众不同，从一众普通宾客中脱颖而出。

女傧相们通常都需要穿长礼服，特别是当新郎穿的是燕尾服或晨礼服的时候。我个人很不赞同长礼服外面还要穿个外套的做法，如果确实寒冷难耐，可以选择皮草质地的披肩或是短上衣。

如果你只是婚礼宾客之一，还想要穿得特别一点，也可以，但切忌太过招摇，以致于让新娘黯然失色。棕色、灰色，某些绿色或者中性的蓝色都是不错的选择。

还有一点，如果你决定佩戴花朵，就要减少身上的珠宝，除非你想让自己看起来像棵圣诞树。

White 白色

白色，是最适合夜晚的颜色。在舞会上，总会有那么一两件白色礼服吸引人们的眼球。白色纯洁、简单、百搭。但到了白天，则需谨慎使用，因为你必须无时无刻保持衣服洁白无瑕，如果不能做到这点，还不如不穿。

话说回来，再也没有其他颜色能像无暇的白色这样，能在最短的时间内带给人们整洁得体的印象：白色的领子、袖口、领结、纽扣、帽子、手套……

Winter Sports 冬季运动装

冬季运动装

图中这件白色羊毛工作服上衣用红色天鹅绒来镶边。

在冬季时尚里，冬季运动装开始扮演着越来越重要的角色。如果是真正的运动服装，我没有特别可说的。只有这种方便、简单又能体现高雅气质的冬季运动服装，我才有兴趣来谈一谈。

我个人偏爱黑色运动服，而围巾、手套或帽子可以选择鲜艳的颜色。滑雪装应该颜色鲜艳、款式简单、充满年轻活力，还可以搭配花哨的腰带和配饰。除了冬季运动服和海滩服，我一向不喜欢花里胡哨的衣服。

Wool 羊毛

羊毛和真丝并称为纺织品之王。无论任何时候任何场合，无论简单还是繁复的款式，羊毛面料都能应对自如（除了舞会礼服）。无论质地粗糙或光滑、颜色深浅、朴素或花哨，羊毛面料都能以最完美的形式表现出来。和真丝一样，羊毛同样拥有最棒的自然质地。

羊毛面料在裁剪之前，一定要先做缩水处理。羊毛可以高温熨烫和定性，这是其他任何面料无法比拟的优势，这也使它成为了制作套装和修身服装的理想面料之一。

如果想让衣服呈现出修身的效果，面料越容易定性，就越可以减少褶皱的用量。这也是为什么在现代时装中我们总是愿意使用羊毛面料的原因，它是现在最具有代表性的材质。

图中这件滑雪之后穿的夹克衫由白色仿羊羔绒制成。

Xclusive 独家专有

这年头，要想弄出来些独家专有的东西简直难如登天。随着现代制造和复制的方法越来越进步，拥有只属于你的布料或设计几乎是不可能的事情，这实在是太奢侈了。

但独出心裁也并非不可能，做你自己就好了。找出你自身的特质，就能让你变得与众不同。请务必保持自然的状态，矫揉造作令人生厌。

即使是一条已经满大街泛滥的围巾，如果你戴的方法够特别，一样可以成为独家专有的东西，这种特质与金钱无关。

当然，如果你自己动手做衣服，倒是可以更容易显得与众不同，但这并不一定就意味着这件衣服会更有价值。

Xtravagance 奢侈

奢侈，是优雅的反义词。优雅有时也许会标新立异一些，但绝对不会铺张浪费。因为，奢侈是太糟糕的品味。

在穿着上，即使为了简朴而出错，也好过奢侈浪费。

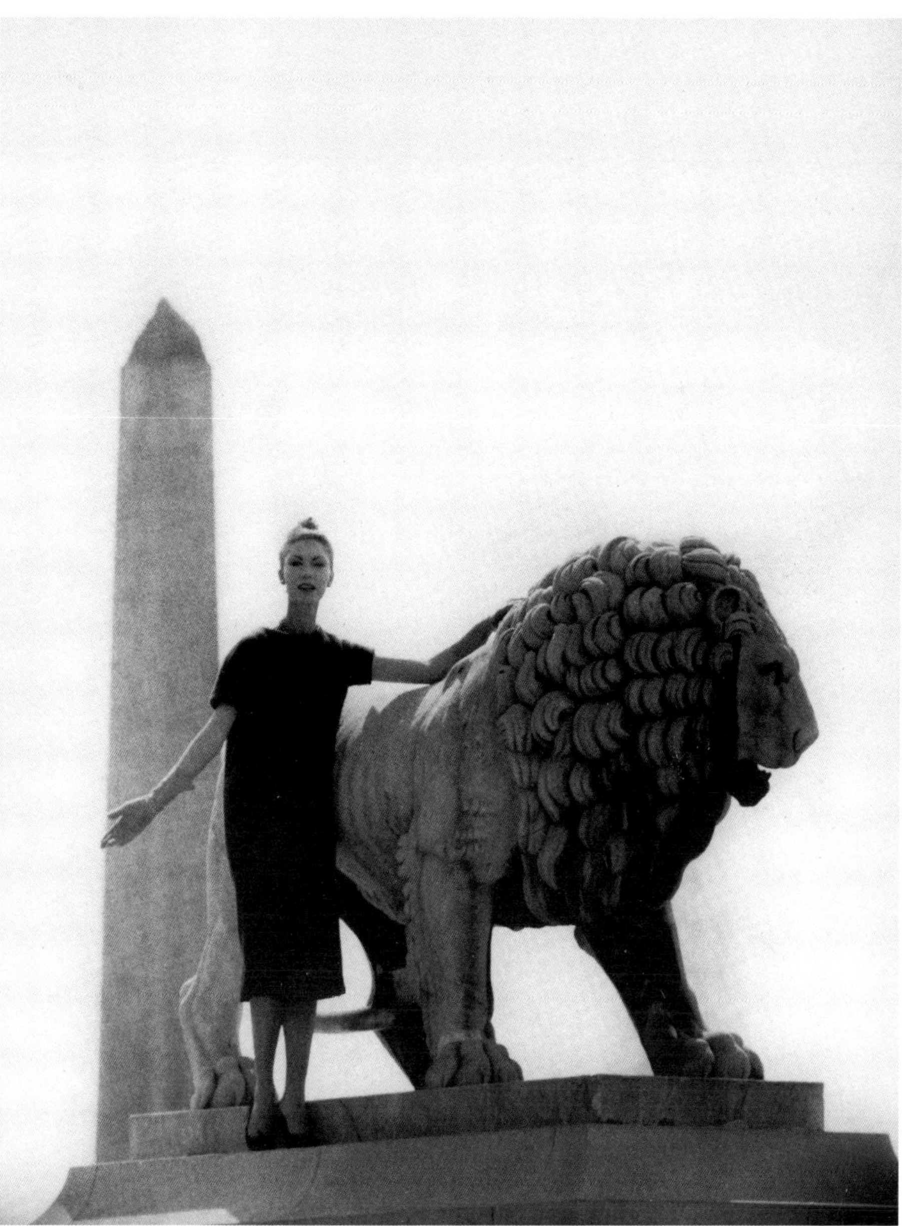

Y

Yellow 黄色

黄色，代表年轻、阳光和好天气。黄色用在衣裙、配饰上都很美丽，而且无论任何季节都很合适。

如果你的头发是浅黄色或者肤色苍白的话，要慎用黄色，但并不是说任何黄色都不能选，而是一定要选对深浅，那种亮金黄色还是留给褐色皮肤的人吧。

和其他颜色一样，每个人都能找到适合自己的那种黄色，只是要费些心思。

Yoke 覆肩

覆肩，不仅是一种让紧身上衣显得更加丰满的必要方法，同时也能让肩线变得平直。

覆肩因为有切割线条的作用，所以格外适合腰线较长的女士；特别是那些想要表现丰满胸部的女士，覆肩简直是必备之物。

如果你身材娇小，我会建议尽量避免覆肩，那种修长线条的裙装或大衣更适合你。

YZ

Young Look 年轻的打扮

对于年轻人来说，打扮得朝气蓬勃是很美好的事情。但是到了一定年纪之后，还是应该把注意力更多集中在展现优雅气质上。

有些东西是特别适合年轻人用的：彼得潘小圆翻领、格子裙、衲缝裙子、百褶裙，还有某些棉质布料。但还有一些东西是绝对不适合年轻人的：面纱、锦缎、黑色、灰色、紫色的蕾丝、过分的垂坠感、大量羽毛。

Zest 热情

年轻的创意，又见水手领
这次它用在了一件短款白色晚礼服

热情，能用它作为我的这本时尚字典的最后结尾词，真是件幸福的事情。

无论你做什么，无论是工作还是娱乐，都应该满怀热情地投入其中。你要充满热情地面对生活，这也是美丽和时尚的秘诀。如果失去热情，再美的容颜也毫无魅力可言。

没有任何一种时尚离得开用心和热情。充满热情地去设计，充满热情地去制作，充满热情地去搭配。